反本能
如何摆脱天性中的迷茫与脆弱
思维

蒋佳琦 著

北京联合出版公司
Beijing United Publishing Co.,Ltd.

图书在版编目（CIP）数据

反本能思维 : 如何摆脱天性中的迷茫与脆弱 / 蒋佳琦著. —— 北京 : 北京联合出版公司, 2022.8
ISBN 978-7-5596-6324-5

Ⅰ. ①反… Ⅱ. ①蒋… Ⅲ. ①成功心理 - 通俗读物 Ⅳ. ①B848.4-49

中国版本图书馆CIP数据核字(2022)第137815号

反本能思维：如何摆脱天性中的迷茫与脆弱

作　　者：蒋佳琦
出 品 人：赵红仕
责任编辑：管　文
图书策划：潘惠同　刘丹羽
封面设计：刘　欢
版式设计：姜　楠

北京联合出版公司出版
（北京市西城区德外大街 83 号楼 9 层　100088）
北京时代华语国际传媒股份有限公司发行
唐山富达印务有限公司印刷　新华书店经销
字数169千字　690毫米 × 980毫米　1/16　13.25印张
2022年8月第1版　2022年8月第1次印刷
ISBN 978-7-5596-6324-5
定价：59.80元

推荐序

很多人都是从虚荣心的台阶开始登上舞台，怎么离开，却有千般曲径。我和佳琦一面之缘，但作为朋友圈里的榜样生，他的清醒和自律一直让人仰止。

8年，2920天，每天不少于6万字的阅读、2000字的读书笔记，累积下来就是1亿7500多万字的阅读量、584万的写字量，最核心的关键词是"每天"！对任何一个能坚持每天做同一件事的人，我都发自内心地敬佩，哪怕是坚持每天吃三顿饭。何况佳琦做的这些事，都是在和他自己的天性较量。

自律和上进的8年给了佳琦什么呢？我看到的是宽阔和通透，所以他现在成了给别人回答问题的人，可以在人生舞台上分享苹果给更多人。这样的人生已经无须再考虑是否离开舞台，他的轻盈已让他腾空而起。

柴璐（中央电视台主持人）

2021年12月9日

自 序

嗨，我是蒋佳琦。

不过说出来，很多人可能也不认识。我因为《超级演说家》这个节目小有名气，也早已是 8 年前的事情了。8 年的时间，足以让人忘记许多刻骨铭心的时刻。

2014 年我去参加《超级演说家》第二季，其实是虚荣心作祟，觉得被全国观众看到自己在舞台上的表现，是多么光宗耀祖的一件事！但随着比赛的进行，我发现一个严重的问题，那就是当其他选手动辄诗词歌赋、名言警句、引经据典的时候，我却讲着大白话。所以当时我突然意识到自己腹中无物，在这种情况下和他们一起在舞台上演讲，恰如王朗的"猖猖狂吠"，这不是在自取其辱吗？

后来我通过深刻的自我反思发现，自己之所以变成这样，原因很简单，就是懒。

"懒"这个东西，并不是我独有的，这是人类的天性所决定的。现代人从生理上其实和远古人类相差无几，而远古人类的生理体质是符合当时的自然环境的，但那时的生理特征，其实并没有进化到适应现代社会生活的程度。要知道，生物进化需要几万甚至几百万年的时间，但是社会大幅度发展却是近几百年的事情，人类其实是在用远古人类的身体来应对现代社会。

必须承认，我身体里动物性的懒惰是长期存在的，而自己当初经常挂在嘴边的话便是"为什么一定要出人头地""多一事不如少一事""享受当下就好"。自己"不想做"便总会寻找理由支持这个想法，以让"不想做"逐渐变成"不该做"，这样我便会自我感觉良好。

不管是学习一门手艺，还是尝试解决一个问题，无非都是三个维度的问题：为什么做？愿不愿意做？怎么做？

对于活在当今互联网时代的人来说，"为什么做"和"怎么做"这两个问题都不难，我们随手搜索，便能找到答案。唯一难的是最后一个问题，因为只有这件事情是在跟自己的天性做斗争。

如今的我，在跟天性做了多年斗争之后，已经变成了其他人眼中高度自律和上进的人。在过去的这些年里，我坚持每天阅读6万字以上。只要不出去讲课，一般早上7点自然醒，晚上11点睡觉，中午睡半个小时，每天运动1个小时，平均每天写2000字的读书笔记。同时，我还有时间通关PS4游戏、拼拼图、做菜及写公众号文章。我还有个记录时间的习惯，以15分钟为单位记录自己做了什么。

我是个天性自由散漫、情绪多变又急于求成的人，在27岁之前，这些天性让我屡尝磨难。可是在最近这些年，因为看了许多书，参加了许多心理学课程，听了许多大咖的分享，再加上自己有意识地训练，我已经养成了许多好习惯。这些习惯不但让我活得更自如，而且帮我取得了许多成就。

现如今，我终于出了第一本书。未来我还会出更多的书，每本书的目标不一样。在这第一本书里，我主要想谈自我提升与个性修炼，目标只有两个：第一，帮助大家更好地认清自己，以便在未来扬长避短；第二，给予大家具体的方法，帮助大家变得更厉害！

我希望这本书，还有未来要出的书，都具备如下两个特点：

3

第一，语言接地气。我做了这么多年的演讲培训，发现真正让人听得进去的好演讲都是用通俗易懂的语言讲出来的，没有华丽辞藻的堆砌，像跟人聊天一样，话讲完了，我们也学到东西了。既然我出书是为了帮助大家变得更厉害，那就必须首先保证大家能看下去，并且看得懂，要保证哪怕平时没耐心看书的朋友也能轻松翻上那么几页。要达到这个目标，需要的就是一种文字上的交流感，写作时不刻意遣词造句。

　　第二，有具体的方法。我一直认为，最好的方法是让人拿来立刻就能用的，它就跟自组家具的说明书一样，只要按照规定的步骤去组装就可以。道理当然要讲清楚，方法也一定要说明白，而且这些方法肯定是经过我多年实践下来证明确实有效果的，不然那就是鹦鹉学舌地在做搬运工了。

4

　　除了上面的内容，我还会借这本书分享我个人的一些经验与反思。

　　2021 年我 34 岁，距离自己从事第一份工作时已经过去了 17 年。在这17 年里，我做过家教，当过主持人，拍过微电影，做过明星助理，解说过游戏，做过影评人，当过写手，跟人创过业，如今做培训师，天南海北地讲课。相比同龄人，我也算经历丰富，而在这些动荡与波折中，也体会到了许多人情冷暖，见识到了社会百态，触摸到了人性的复杂，领悟到了一些处世之道，我相信，那些在人生路上年轻又迷茫的朋友，还是可以坐下来听我讲讲的。

2021 年 11 月 27 日晚 22 点

在济南家中

目　录

第二章
情绪自控：内心强大的人都是聪明的勤奋者

第三章

社交变现：85% 的成功来源于人际关系

第四章
思维模型：厉害的人都具备的底层逻辑

第五章
深度工作：变得越来越靠谱的四种能力

第六章

效率人生：告别低效和拖延的自救锦囊

第七章
学习高手：如何高效阅读与学习

第八章
时间管理：自律的人生更自由

第九章
反本能：突破成长屏障

9

第一章

认知觉醒：

成为高手从认知升级开始

一、认清自我，顺势而为

不要因为美慕别人的辉煌就盲目跟风，认清自己，顺势而为，才能成为厉害人物！

2014 年 5 月，《超级演说家》第二季的比赛刚刚结束，便有人邀请我参加另外一档新开的辩论类节目。

对于一个刚刚参加省级卫视选秀节目的年轻人来讲，多参加一个节目便是多一份曝光，多一次挑战自我的机会。

然而我最终没有去。为什么？最开始是因为害怕，我很恐惧辩论舞台。

我清楚地记得在 2005 年大学一年级新生辩论赛上，身为班级辩论队的三辩且自认为表达能力还可以的我，竟然完全接不住对方的论点攻击。我只会背诵自己已经准备好的辩论词，连最后的观众提问都接不住。

在那年，我发现自己有一个思维上的误区，以为只要说话有力、表达流畅、观点明确，就能玩转主持、辩论、演讲、谈判、脱口秀等各个领域。然而事实却是，并不是有了利索的嘴皮子，就可以在任何语言领域内成功。

以演讲为例，演讲和辩论有本质的不同，演讲是分享观点，单向输出，但辩论是以观点为矛，彼此争胜，见招拆招。演讲大都只需要我们会讲故事就行，可辩论不但需要口才，还需要越挫越勇的精神。

第一章　认知觉醒：成为高手从认知升级开始

由于我在气势上没有那么强，没有明显的进攻性，就显得亲和、幽默、开朗，便容易变成演讲的宠儿，即使还没有步入主题，光是热场时开的那些玩笑，便足以抓住人心了。

恰恰因为如此，我在辩论赛场跟别人争论的时候，就成了任人拿捏的软柿子。如果对方观点近乎严丝合缝，在气势上拔地参天，那我在遭受攻击时内心的本能反应便是："哎呀，太强了，虽然我不认同你的观点，有很多准备好的话要说，但是我承认自己心里已经怂了！"

勇气都没了，请问接下来的仗还怎么打？

我骨子里从来都是个害怕冲突、拒绝对抗、逃避压力的人，又怎能战胜全身火焰的对手呢？所以还是逃离吧！

但仅仅因为害怕，就可以选择做逃兵吗？

《终身成长》中提到两种思维模式，一种是固定型思维模式，一种是成长型思维模式。固定型思维模式的人认为，人的能力是固定不变的，所以行为上倾向于遇到挑战时避免挑战；遇到阻碍时选择自我保护或者轻易放弃，认为努力是不会有结果的，甚至会带来更坏的结果；忽视有用的批评，而且别人成功时会感觉受到威胁，所以他们很早就会停滞不前，再也无法取得成就。

成长型思维模式的人与之相反，认为人的能力是可以提高的，会产生学习的欲望，所以他们会迎接挑战，面对挫折会坚持不懈；认为熟能生巧，要多努力，从批评中学习，从他人的成功中学习，所以他们会取得越来越多的成就。

世上每一件事情都有适合和不适合，却没有能做和不能做的绝对区分。所以不让自己害怕辩论的方法，就是让自己直面辩论赛场，并学会如何与人进行观点的对撞。

即便我后来做了充分的个性学习，不再惧怕与人辩论，并且进行了很多辩论逻辑的训练，也依旧没有去参加辩论，因为我走上了一条更符合自己天性的成长之路。

我们都希望自己可以成为很厉害的人物，摆在面前供我们选择的成长之路也有很多，我们可以成为优秀的工程师，成为卓越的科学家，成为专业的摄影师，成为权威的医生，成为带货达人，成为游戏职业玩家……

可绝大多数人在选择奋斗目标的时候是盲目的，我们可能只是看到别人选了那样一条路，而且硕果累累，便跟着选了那条路；又或者别人建议我们选择某条路，美其名曰"重大利好"，我们就一股脑地扎了进去，并没有考虑清楚自己想要的究竟是什么。我们能胜任吗？它究竟适不适合我们？

我当然可以通过训练和学习活跃在辩论赛场，但我此生真的想要成为一名辩论家吗？有没有更符合自己天性和能力的事情？有没有一条更适合自己走的路呢？

小时候看《射雕英雄传》，郭靖当初跟着"江南七怪"的时候，随便一个三流拳师都能打得郭靖满地找牙；可郭靖自从跟了洪七公学了降龙十八掌之后，就成了高手，所以我认为洪七公厉害，降龙十八掌厉害。

可长大之后才发现，郭靖成为高手的根本原因不是师父，也不是武功，而是"扬长避短，顺势而为"的修炼方法。

郭靖是个标准的稳定、随和、不爱出风头的绿色性格，这种性格的人做事情都喜欢简单的，不喜欢复杂和有变数的，这也是当初"江南七怪"没把他教好的原因。想想当初他们为了把郭靖培养成武功高手，可谓煞费苦心，几个师父轮番上阵：二师父朱聪教郭靖分筋错骨手，三师父韩宝驹教郭靖盘龙软鞭，四师父南希仁教郭靖南山掌法……咱们要是让这些人去教黄蓉和杨康，那保管没事，因为他们俩都是天生喜欢新奇与变化的红色性格，这几种功夫换着练有趣还不枯燥。但郭靖这种绿色性格根本承受不住来自四面八方的围攻，最后被他们教成了个"废物"。

　　直到后来郭靖遇到了洪七公，他才开启了自己开挂的人生。洪七公让郭靖练习降龙十八掌，因为这套掌法的打法非常简单，就是至刚至坚，大力猛攻即可，对于绿色性格的人来说容易掌握，还最为实用和有效。很快，郭靖就变成了一名厉害的武林侠客。

　　有人会问，郭靖在"江南七怪"的教育模式下，能不能成为厉害的人物？也能！但估计等变成厉害人物的时候，郭靖已经七老八十了。我们在追求变厉害这一目标的同时，也要考虑速度，假使身边的人都已经比自己厉害，而自己又想弯道超车，此时选择一条更符合自己天性的道路就势在必行了。

　　杨振宁在美国留学时开始研究实验物理，可是他动手能力差，可谓是"搞啥啥爆炸"。于是杨振宁转换方向，从事理论物理方面的研究，立刻如鱼得水，在这一领域取得了突出的成就，并且最终获得诺贝尔物理学奖。

　　俄罗斯田径女将伊辛巴耶娃，原本练习跳远项目，但成绩始终不理想，也没拿过令人瞩目的奖项。她后来放弃了跳远，选择了自己更为擅长的撑竿跳，在撑竿跳比赛中独领风骚，成为世界上第一个撑竿跳过5米的女运动员，之后几乎没有人能与之抗衡，女皇地位无可撼动。

　　我的老师乐嘉，当初是一名银行的小职员，整天对着账簿轧账，枯燥乏味，后来转行做了销售，凭借自己的机灵过人，很快便成了销售冠军，并且因此有机会去全国各地给人讲课做培训，分享自己的销售经验，后来凭借自己的口才，成了知名的演说家。

　　这个道理即便在组织变革上也很奏效。

　　2009年，金州勇士队的战绩在NBA的排名里排倒数第二，被人称为NBA里的"鱼腩球队"。金州勇士队的管理层聘请了硅谷的数据分析师进行分析后，决定放弃传统的"篮下制空权"的战法，不再注重高个头的球员与跳跃能力强的球员，转而采用三分球战法。

于是，身高只有 1.91 米、历来不被重用、经常坐冷板凳却擅长投三分球的斯蒂芬·库里被起用了。在他的助力下，金州勇士队在 2014—2015 年赛季中，拿下了 40 年来第一个总冠军。斯蒂芬·库里的巅峰时刻，是在一个赛季里投进了 402 个三分球，这在当年可是远远打破了 NBA 纪录的——在他之前，单人赛季三分球命中数的纪录只有 269 个。

2015—2019 年，金州勇士队连续 5 次打入 NBA 的总决赛，并且三次获得冠军。2015—2016 年赛季，它还创造了 NBA 历史上常规赛获胜率最高的纪录——在全部 82 场比赛中获胜 73 场——同时它还创下主场 54 场连胜的纪录。

2019 年，美国的一项调查显示，斯蒂芬·库里超过乔丹成为美国中学生最崇拜的偶像。金州勇士队和斯蒂芬·库里的逆袭告诉我们，只要找到适合自己的路子，哪怕自己目前是个平平无奇的人，也可以成为强者！

当年清政府和民国政府腐败无能被列强侵扰的时候，国人也曾向西方取经，寻求振兴民族的良方，可得到的答案如何呢？外国人都不是合格的咨询师，他们没有"助人自助"的精神，只是在借机炫耀自己国家的制度有多优越，自己的国家有多厉害。而我们学习了一圈后，到头来还是根据自己的实际情况，摸出了一条真正符合中国国情的自强之路，才有了如今举世瞩目的伟大成就。

再回到我个人，我也想让自己变得厉害，也知道自己只要做足了准备，一样可以到辩论赛场参加辩论大赛，但扪心自问：我此生真的希望成为一名辩论选手吗？况且人生苦短，如今已经 34 岁的我，更希望把力量用在自己擅长和喜欢的事情上，以取得理想的成绩。

于是，我没有选择做辩论场上的"角斗士"，而选择做了培训场上的"传道士"，把更多的时间与精力用在帮助别人成长的事业上。这符合我热爱分享与乐于助人的天性，同时也能让自己的生命变得更有价值。

　　所以，请不要因为羡慕别人的辉煌，就盲目地去跟风复制，他是他，你是你。我们崇拜无畏的英雄，但决不能做乱撞的莽夫，先认清自己，再顺势而为，选择一条适合自己的路，每个人都可以成为很厉害的人物！

二、用对"兵法"，实现双赢

自我和解、自我觉察、理解别人，用对心理学三大"兵法"，提升自我认知的准度。

在 2014 年因《超级演说家》第二季结识了乐嘉老师，并接触了他的性格色彩理论之后，我便一发不可收地投入到了心理学的钻研和教学之中。

有一天，有位朋友向我提出了一个很有趣的观点："你们这帮搞心理学的，把人都看透了，这不就可以把人玩弄于股掌之中了吗？这么一想，你们这帮人还蛮可怕的！"

说实话，我在过去几年里经常遇到这样的观点，甚至有些比较耿直的大学生会在我演讲完之后直接站起来，当着所有人的面问我怎么看这个问题。

以往我的回答都是：学心理学的好处就是能够用更好的办法跟别人相处，以达到自己想要的结果。

这是我在初步接触心理学时对这个问题的回答，现如今，我个人的观点可能听上去偏哲学一些：心理学只是法，而怎么用它，取决于我们的心。

这句话听上去有点玄妙，但这种说法源于明朝伟大的思想家王阳明，他在继承宋朝陆九渊心学并将其系统化之后，提出了"致良知"这一心学的核心要义。我来类比一下，大家觉得"兵法"这个东西好不好？可能有的朋友认为它不好，因为他们觉得兵法听上去很像是阴谋诡计。《鬼谷子》中的"攻心"方法"诱之以利、胁之以灾"在春秋战国时期确实是受许多国君和统帅鄙视的，在他们看来，在平原上驾驶战车一决雌雄才是正确的做法，搞背后偷袭、收买人心等这些手段都是奸诈小人所为。但为何孙膑的"围魏救赵"成为2000年来的佳话呢？为何充满了奇谋妙计的《三国演义》成了如今商战的必读书目呢？

所以兵法本身是中性的，它只是一个工具，恶人用兵法则扰乱天下，好人用兵法则保家卫国。

同样，心理学本身也只是一个工具，它也是中性的，一个掌握了心理学的家伙到底是好人还是坏人，取决于他到底拿心理学来做什么。我接触的所有心理学体系都一致认为，心理学最起码可以用在三个方面，帮助自己获得实际的好处：自我和解、自我觉察、理解别人。

1. 自我和解

很多时候，我们都会因为自己身上的缺点和不足而感到沮丧，尤其在小时候，很多父母和老师总会拿我们和其他孩子做对比。如果父母不懂心理学，不了解人与人之间存在性格差异，那么对孩子来说将是一场灾难，因为父母很有可能将自己的意志强加到孩子身上，用训练马的方式来训练鱼，最终造成许多家庭悲剧。

举个例子，我上大学的时候选择的专业是管理学。坦诚地讲，我专业课学得不好，课余活动却非常丰富。

虽然我后来还算取得些成绩，稍微堵住了悠悠众口，但在毕业踏入社会后，我才发现自己在学校里沉迷的东西一点没派上用场，因此我一度完全否定了自己的大学生活。每次回到学校，我都会对学弟学妹们说要珍惜学校的时光，好好学习，不要像我一样整天活蹦乱跳地浪费生命。

然而当我在心理学这条路上走了一段时间后，便与自己和解了，不再否定自己那几年的大学时光。因为我这种性格类型的人，只有在别人频繁的认可和鼓励下才能茁壮成长，而在学校参加各种活动，不但发挥了自己的特长，还可以得到他人不断的赞扬从而快速成长。

恰恰因为自己性格内向，且极度在乎人际关系与他人的感受，因此从天性上讲，我并不适合做管理工作。多个心理学工具都用精准的数据表明，我更适合做"独狼"，哪怕未来做了管理工作，也会跟自己的天性做无穷的斗争，自己痛苦不说，还会在管理效果上事倍功半。

所以假如现在有人问我："再年轻一次，你会怎样做？"我会说，在保证自己正常学业不受影响的情况下，我依旧会倾尽全力参加文娱活动，甚至会比当初参加得更多，涉猎面更广，因为那才是符合自己性格特质的明智选择，而这就是我借助心理学与自己达成和解的最典型的案例。

2. 自我觉察

当我们能清楚地知道自己的性格类型，了解自己这种性格的优点是什么、缺点是什么时，我们就能未雨绸缪，在自己的情绪出现波动的瞬间快速觉察到，并尽快调整，将其在萌芽阶段时消除，避免让自己陷入到更大的麻烦中。

2021年1月24日，我在广州上完了FIRO的认证课，计划晚上19:55乘飞机返回济南，而本次的返航机票是用15000公里的里程数兑换来的。这是我第一次用兑换的方式获取机票，因为从未操作过，不知道是否行得通，为了防止意外发生，我便在下课后立刻赶往机场。虽然提前两个小时抵达，但我却得到一条消息：该航班因为航空公司的计划变更而临时取消了！

第一章　认知觉醒：成为高手从认知升级开始

我脑袋一蒙，不知所措，便立刻联系了机场工作人员和在线客服。经过反复确认，得到的消息是该航班确实已经取消了，兑换的里程数可以原路退回，继续用于购买其他班次。然而当晚所有由广州飞往济南的航班都没有了，这就意味着，我只能逗留在广州，最快第二天上午才能返回济南！

这让我非常恼怒，甚至想对着机场地勤和电话客服大骂一通。然而当胸中怒气上涌的时候，我立刻坐在旁边的长椅上尝试冷静，因为我已经意识到自己处于情绪化的状态了。这种状态是我自己的性格导致的，换作以往，我估计会对着电话大吼大叫，甚至想尽一切办法赶回济南。然而情绪化最容易引发的后果就是不但折腾了自己，还浪费了钱。

我努力尝试往好的方面想：第一，里程数还能全部退回，且还能用来购买明天上午的机票，依旧不用花钱，这已经很好了；第二，就算当晚顺利赶回济南，到家也凌晨了，实在太疲劳，况且也没有什么必须今晚回去的理由；第三，这两天上了 FIRO 的认证课，收获良多，光笔记怕是都要整理 2 万字有余，倒不如趁滞留广州的这个晚上趁热打铁整理笔记。

于是我的心情由暴雨瞬间转晴。我拖着行李箱去找机场的服务人员订酒店，结果他们说机场附近的酒店只要 150 元一晚，而且往返机场都有免费专车接送，只需再等 5 分钟专车就来了。我没想到专车竟是辆六座小商务，司机还帮我提行李，而入住的酒店房间竟然还是又宽敞又舒服的大床房！于是我心情越来越好，接受了航班取消的现实，点了一堆外卖，喝着饮料吃着烤串，开始在酒店里噼里啪啦地整理笔记，内心充满愉悦地对自己说："得亏当初没情绪化地在机场瞎折腾，现在这样不挺好的吗？"

3. 理解别人

心理学告诉我们，人与人之间的想法不同、动机不同，所呈现出来的思考方式和行为方式也会有明显的差异。因此，不能因为别人和我们不一样，便觉得这人不正常，然后用"道不同，不相为谋"跟对方划清界限。如果我们能理解别人，不但能实现自我解脱，还能在未来更好地跟对方相处。

有一位我很佩服的女培训师叫陈雯，年轻时在上海某公司工作，不但职位很高，而且收入颇丰。她和一位在厦门工作的男生谈恋爱，两人因为长期异地恋，每个月能见一次面都很不容易，这让陈雯颇感不快，于是她在电话中说："你看我们长期这么两地恋爱，也不是个事儿啊，有什么办法能解决一下就好了。"结果电话里声音停了三四秒后，男友冷静地说道："知道了，我来想办法。"不到半个月的时间，这哥们儿一声不吭，提着行李箱在上海找了一份新的工作，异地恋问题解决了。

眼见男友送了这么大的一个惊喜，她内心的澎湃可想而知。陈雯和大多数女孩子一样，这个时候嬉笑地问了男友两个问题："你是不是为了我才来的呀？你会不会后悔呀？"

然而男友给陈雯的第一句回应便颇让人尴尬："你想多了！"紧接着男友又递了一句话："来上海是我自己的选择，本来现阶段我的事业也面临转型，新工作符合我原本的目标，所以我在这里混得怎么样，与你无关，你想多了！"

想象一下，假如你是陈雯，听到这些话会做何感想？估计绝大多数的人都会感到生气，甚至认为这个男的是冷血动物！这段话配合着冷峻的表情，一时间对陈雯的心灵确实造成了冲击，可是当陈雯冷静下来慢慢体会，便感知到这种回答蕴含的力量远比琼瑶剧式的回答更强烈。她非但不生气，反而极度开心，因为她很清楚男友的性格和他的做事逻辑！

这位男生真的是一丁点为她而来的想法都没有吗？那是不可能的！但这位男生是一个高度理性的人，他这样回答，实际上是敢于承担责任的表现。因为换的新工作不但让他的职位降低了，收入也和之前差距很大，假如他这次选择真的导致未来事业不顺，试想陈雯会怎么想？她肯定会因为爱人的沦落而后悔当年的提议，会担心受到爱人的抱怨与责难，也会为两个人不确定的未来而感到巨大压力。可是男友的话完完全全打消了她的顾虑。"既然当初是我自己的选择，如果新工作我没有做好，那便是我的责任、我的问题，我会继续想办法解决困难，你又要为我承担什么责任、扛什么压力呢？放心大胆地继续做你的小公主吧！"这便是男友内心真实的声音。

于是，陈雯借助心理学，听到了他表面上并没有说出，但内心里却如洪钟般响亮的话，意识到眼前这个男人的魅力与价值，于是心甘情愿地与他携手走到了现在。这就是理解了别人的好处。

有人可能会问了，假如自己懂了所谓的"读心术"，知道了别人在想什么、在意什么、需要什么，是不是就可以"搞定"他们，完成说服、销售、教育、改造、管理、控制等一系列目标了？我个人的回答依旧是：心理学只是方法，而怎么用取决于我们的心。虽然借助心理学确实可以实现以上这些目标，但最佳的目标是实现双赢。

比如在疫情期间，我突然接到乐嘉老师的消息，他让我帮他将那段时间迷上的香港某位武侠作家的竖版繁体字的作品，借助扫描文字的手机软件，将书中精彩的内容扫描下来存储在电脑里。往常他用这款手机软件对着书拍张照片即可完成，虽然不够精准，但还算方便。但这次由于书是竖版繁体字，这款软件根本扫描不出来。

在尝试了五六款文字扫描软件后，我产生了极大的挫败感，怎么办呢？

随后我便运用了性格色彩的"钻石法则"。像乐嘉老师这种非常在意事情结果的黄色性格的人，只要帮助他解决问题就可以了，方法有时并不重要。于是我在淘宝上简单搜索了两分钟后，立刻回复他一则信息："乐嘉老师，各种 App 我都试过了，暂时没找到能搞定这件事的。不过我刚在淘宝上查过了，打字高手每分钟能打 700 字，收费的话 1000 字在 20 元左右。

如果您有打字的需要，只要给他们拍下照片，花上不多的钱，他们就能帮您搞定，而且文字的准确率还比扫描软件高得多！"

几秒钟之后，乐嘉老师发来一条信息："这么神奇？！"之后便没有下文了。而我也知道，自己成功地用性格色彩的钻石法则"搞定"了他。

直到现在，乐嘉老师每当遇到一些生活和工作上的问题，也总会来询问我，尽管很多时候我可能没办法直接帮他解决问题，但会给他提供解决问题的思路。这样不但获得了他足够的信任，也减轻了自己的负担，同时他也拿到了自己想要的结果，甚至还找到了长久解决问题的方案。实际上这就叫作双赢，我们都得到了自己想要的东西。

有人会问，我在上述这个过程中用到心理学这个工具了吗？坦率来讲，如果是在几年前，自己手上没有心理学这个工具，真的是达不成这种双赢

结果的。

开篇那位朋友之所以认为"学心理学的人很可怕"，是因为害怕对方拿心理学来"对付"他，以达到不可告人的目的。这种想法可以理解，因为我确实曾听闻有人用心理学的一些原理，在情感上搞 PUA（Pick-up Artist），或在职场上玩"宫斗剧"。同样，我也曾见到有人用心理学来做挡箭牌，将当下的错误定义为"性格使然"，为自己的不当行为开脱。

其实，心理学只是一个工具，可以帮助我们更快速地认清自己和走进别人的内心世界，而心理学用得对不对与该不该，则完全取决于我们自己的"心"，只要我们本心是好的，是为谋求双赢而非自私自利，那么心理学的加持与运用便喜闻乐见了。

三、六大因素，认清自我

父母、教育、工作、婚姻家庭、文化圈层与重大事件，都会让我们在行为与个性上发生改变，只有剥离后天的改造与影响，才能看见真实的自己。

前面我们讲到，不论大家年龄几何、做何工作、收入是高是低、结婚恋爱与否、是否已为人父母、整体状态怎样，最好都能设法通过心理学认清自己，找到自己真实的性格，寻找到最契合自己内心需求的工作与生活方式，进而享受轻松自在又一帆风顺的人生。

道理摆在这里，可如何才能找到真实的自己呢？

这也是许多首次接触心理学的学员普遍会问到的问题。就拿我讲授最多的性格色彩来说，我首先会告诉大家，这个世界上的人依照性格的不同，会分为红、蓝、黄、绿四色。其中红色代表快乐自由型人格，蓝色代表谨慎完美型人格，黄色代表力量成就型人格，绿色代表稳定和谐型人格。其中红、蓝两色完全相反，不会共存；黄、绿两色完全相反，不会共存。这就意味着即便某个人是复合型人格，充其量也只能有两种颜色。

但很多人会轻易地在自己身上发现四种颜色的行为。譬如他们说，自己获得别人赞美和认可时是十分开心的，接收到负面评价时心情是低落的，这明显是红色性格中"他人认可很重要"的特质；但同时他们是有明显的完美主义倾向的，家里必须整洁，东西必须各归其位，这明显是蓝色性格"条理"的特质；在单位工作的时候，他们特别有自己的主见，很难接受别人的意见，这明显是黄色性格"以自我为中心"的特质；最后，当他们跟另一半和孩子相处的时候，不论对方提出什么要求，哪怕自己心里不愿意，也会尽力配合与满足，这不就是绿色性格的"以他人为中心"的特质吗？

那到底哪个才是真实的自己？

但凡有这种疑问的人，都没有了解性格与个性的区别。

性格是天生的，这辈子都不会改变的，而个性是后天的，是我们在成长道路上不断学习而来或者被外力灌输到自己身上的。所以活到现在的也是自己，刚出生时候的也是自己，只不过刚出生时的自己还没有经过社会的改造，是"纯天然的一汪清泉"，全都是先天性格特点的呈现；而已经成长到现在的自己，则是"掺杂了各种物质的黄河水"，这实在是太浑浊了，后天个性的特点全都浮在表面上，我们自然很难看到真实的自己。

而如果一个人在成长道路上，遭受到的被动改造与进行的主动改造过多，找到自己真实性格的难度就会大大增加，这颇有种"忒修斯之船"的意味。"忒修斯之船"是一个很著名的哲学命题，一艘船叫"忒修斯号"，它因为需要运转几百年，所以要不断地整修，于是今天换几块甲板的木头，明天换掉坏了的桅杆，后天再把风帆全部换掉……随着时间的推移，经过了几百年的不计其数的修缮，终于有一天"忒修斯号"的所有部件全部都换掉了，那么请问，"忒修斯号"还是当初的"忒修斯号"吗？

从外表讲，"忒修斯号"已经不是当初的它了，这是一艘全新的船，但从内在来讲，它还是"忒修斯号"，因为不论是谁，只要他曾在这艘船上工作过，都能在这里找到属于自己当初的记忆。性格与个性也是如此，不论我们后天变得有多复杂，只要掌握正确的方法，我们都可以找到自己最初的模样。

第一章 认知觉醒：成为高手从认知升级开始

那么正确的方法是什么？摒弃表象，窥看底层。

我们每个人活在人世间，就好像漂浮在海上的冰山一样：其他人看到我们的样子，永远是漂浮在海平面之上的部分，那就是我们外在的"个性"；沉在水底并支撑住外在的部分，才是我们的真实所在，这里面包含我们的性格、核心动机、价值观、喜好以及人生追求。所以要想找到真实的自己，我们就必须深入海底，站在上帝视角研究自己这座冰山的形成历史。

1. 父母

一个人自出生开始，一共会有六大因素不断影响他的个性，让他变得逐渐与本来的性格差异越来越大。从先后顺序来看，排名第一的就是父母。

我们在很小的时候，很难反抗父母对我们的改造，几乎只有接受的可能，所以父母的偏好、习惯往往会被他们轻易地转嫁到我们身上。

可好习惯与坏习惯的标准却并非绝对。我们能说喜欢看动画片就绝对是坏习惯，而少跟小朋友出去撒欢就一定是好习惯吗？我们能说玩游戏玩得好，未来肯定一事无成；而每天都窝在家里看书，未来就一定是成功人士吗？

所以这里就牵扯到父母的判断标准是否契合孩子天性的问题了，一旦父母的改造方向与标准顺应了孩子的天性，孩子未来成功与快乐的概率就会加大，反之则会加大出现心理问题的概率，以及未来步履维艰的概率。注意，此处我说的是会加大概率，也并非绝对。

父母的培养与改造，大概是所有因素里对我们影响最为深远的。我曾在课堂上听到最夸张的真实案例，就是一个当过兵的父亲用15分钟的沙漏来训练自己的女儿，规定自己的女儿吃每顿饭的时间是15分钟、早上洗漱时间是15分钟、午休时间是15分钟。这种如同机器人一般的生活模式导致小女孩常年不敢讲话，并最终患上抑郁症……这些都是父母在不了解子女天性的基础上对子女的刻意改造，他们依照的是自己的标准与喜好，而几乎没有聆听和尊重过孩子的意见。

所以如果我们想要了解自己的真实性格，首先要判断自己当下为人处世的行为习惯，是切实发自内心的，还是被父母自小打造后严重违背了自己天性的行为习惯。

2. 教育

继父母之后，给人带来个性变化的因素是教育。

大家都很清楚，一个人发挥自己的天性才更容易取得成功。让原本习惯游泳的乌龟去学兔子跑步，是最差劲的培养人才的做法。如果总是让红色性格的孩子努力学习其他性格的特点，却不允许他们保持自己的本色，试想在这种环境下，孩子的身心健康又会是怎样的发展趋势呢？

其实对于红色性格的孩子而言，发展黄色性格与绿色性格特质并不困难，因为这两种颜色与红色性格不冲突。然而对红色性格的孩子而言，发展蓝色性格特质尤其困难，因为红色性格和蓝色性格是截然相反的，两者如果不能做到合理兼容，便会产生不开心、压抑、心理扭曲、躁郁等症状。

所以如果我们想要找回真实的自己，就必须考虑过往多年的教育是否深深地改造了我们。如果改造了，那么给我们染上的究竟是什么颜色性格的行为？

3. 工作

离开了学校，工作会给我们带来个性上的各种改造。

我目前的职业是自由培训师，在全国各地到处讲课，甲方五花八门，几乎遍布所有行业。我个人最喜欢给微商团队做培训，因为微商团队的氛围往往是比较欢乐的，学员互动性也很高，只要讲的案例足够丰富有趣，且最终给到他们干货，那基本就是皆大欢喜的局面了。

第一章　认知觉醒：成为高手从认知升级开始

　　培训过程最煎熬的是医院、银行、IT和公务员系统这四类，因为这几个类别的工作性质几乎都是理性的，工作氛围几乎都是压抑的。说话不能随意，做事不能马虎，待人接物必须把握尺度，随便一个决策都要考虑各种风险，甚至连发个朋友圈都要纠结半天。这就使得长期浸泡在这种氛围中的职员们逐渐变得不苟言笑，也不愿意在同事和领导面前展示真实的自己。所以一旦被领导组织参加培训，哪怕我在台上使出浑身解数，他们也是一副横眉冷对千夫指的样子，甚至我可能在台上讲了一个小时，都换不来一次自发的掌声，哄堂大笑更是不可能。

　　但这几类机构里的职员们的本性真的是这样吗？不是，一旦我们跟他们接触的时间长了，尤其是私下交流的时候，会发现他们其实也拥有一颗火热的心，只是工作性质的缘故，使得他们不得不变成另外一副模样。

　　所以如果一个人想在销售行业做得好，即便他本性是内向的，也不得不努力让自己在客户面前表现得热情；如果一个人想要在银行、IT部门做得好，即便他本性是随意散漫的，也必须学会严谨仔细、做事有计划；如果一个人想要当好部门经理或领导，不论他本性如何，都要变得有目标感、有责任心、有批判性思维，而且还要在人事处理与重大事件中冷静而果断；如果一个人从事的是服务业，尤其是整天要受理各种投诉的客服部门，忍气吞声和咽下所有负能量是必须学会的，否则非常容易患抑郁症。

　　可上述这些人一旦回到家，或者见到自己的亲朋好友时，则往往会显露出他们的本性，因为此时的他们在心态上是放松的，不需要有任何顾忌，他们要把自己在内心里压抑了一整天的负面情绪肆无忌惮地释放出来。于是原本内向的销售人员，收起了工作中侃侃而谈的模样，独自在河边钓鱼；原本随意散漫的银行职员和会计师，收起了他们工作中细致严谨的态度，躺在杂乱无章的沙发上看电视；原本容易情绪波动的客服人员，丢掉了他们在服务时的轻声细语，在健身房里对着沙袋一顿拳打脚踢……

有些朋友可能会对他们的表里不一感到诧异，甚至认为不可理喻，但我个人非常鼓励这种做法：我们必须不断寻找恰当的时机回归本心，不然此生就只是在为别人而活，为社会规则而活。所以抛开工作的状态而内观自己，我们会更容易了解自己的真实性格。

4. 婚姻家庭

这里的婚姻不单指夫妻关系，也包括恋爱关系及衍生出来的亲子关系，它们对个性的影响，分主动修炼与被动产生两种。

一对原本随性、热爱自由的男女，谈恋爱时倒是各种刺激，一旦结婚生活在一起，就不能同时随性散漫了，两个人里必须有一个人挑起生活中的"柴米油盐酱醋茶"。对方不干，而自己本不想干，却又没办法推动对方干，最终也就只好自己干了，这个就叫作主动修炼。

比如性格色彩学院有一位资深讲师叫小卷，她的妈妈在家里很凶很严厉，看上去蓝色和黄色特质很多，但到了工作单位却谈笑风生，跟红色性格一模一样，到底哪个是真实的她？哪个是性格哪个又是个性呢？正确答案是，工作中的她才是真实的性格！因为小卷老师的父亲长期出差在外，小卷老师的妈妈被迫独立承担育女的责任，所以必须对小卷老师严格，可一旦孩子去上学了，自己到了单位，则跟卸任一样，如果对工作本身又感到很开心，自然就会更容易暴露出原本的性格。

而被动产生的机理，同上述父母对孩子的改造近乎一致。两个人如果要长期生活在一起，从饮食起居的习惯到为人处世的方式，再到教育孩子的理念，各方面都需要磨合。而假使对方很强势，特别有主见，从来不会轻易妥协，自己又不知道如何影响对方，那也就只能逆来顺受，时间长了，自己便不会再发表意见。但这种忍让，却是用自己的不舒服换来的，于是便又披上了一层不符合自己天性的外衣……

5. 文化圈层

文化就是圈层。这里包含的面比较广，比如交际圈、所在国家与地域、知识获取平台、企业文化、普遍价值观、宗族礼仪等，它们都能够对人的个性产生重大的影响。

比如一个人在日本生活，或者在日企工作时间超过 10 年，他的个性一定会染上许多具有规则意识、工作很有条理性的"蓝色"；一个人在法国、西班牙待的时间比较长，想不"红"都难；一个人在美国生活，尤其在华尔街工作过，那么他必然会带有一些黄色性格的特质。

所以如果我们无法抵御周围文化圈层的普遍价值观对自己的影响，很有可能就会妥协。当然，这种变化方向并非绝对，因为很多时候我们是主动接受了某种价值观或为人处世的方式。比如我们听了某个名人的演讲，看了某本书里的观点，学习了某个朋友解决问题的好方法，甚至加入某个社团，觉得这些观点、方法、思想或价值观可以用在自己身上，那么一旦上手了，就会让自己的行为染上其他个性的颜色。

6. 重大事件

著名演员胡歌在 2006 年遭遇车祸，助理当场去世，而他经过几个小时的手术，缝了 100 多针后奇迹般地被从死亡边缘拉了回来。长达半年的住院时间里，胡歌始终在反思自己的人生，加上这期间黄磊送了他一大堆书，当胡歌出院后回归到观众视野中时，人们发现他变了，变得更成熟了。性格色彩的初学者会认为，这就是内敛、低调、含蓄、深沉的蓝色性格，与当初那个浑身散发着活力的红色性格开朗小生相比，可谓是天壤之别。实际上，此时的胡歌更像是"压抑红"，即天性还是红色性格，但后天的个性和行为却被蒙上了一层蓝色。

后来他参演了《琅琊榜》，并饰演了男主梅长苏，很多人认为胡歌在这部剧里的演技相比过去有了质的飞跃，但在我看来，这并非演技的问题，而是性格的问题。因为剧中人物梅长苏跟胡歌一样，年轻时为红色性格，后来遭遇灭门惨案独活下来，而有了蓝色性格特质的"压抑红"。所以与其说胡歌演技提升了，不如说是他与角色有了灵魂上的高度契合，那就谈不上演别人了，简直就是在演自己。任何人如果演自己，都会是影帝！

　　所以如果大家想找到真实的自己，过往遭受的重大事件也是需要考虑的，它们很有可能会让自己产生不符合天性的行为习惯。

　　心理学分为很多学派，每个学派坚持的观点和学术重点各有不同。在我目前接触到的心理学流派之中，MBTI（职业性格测试）和FIRO（基本人际关系取向）是完完全全帮助学员认清自我，即明确我们的真实性格的，而DISC（人格个性测试）以及根本不能算心理学的星座，则更多是在行为层面，重点落在了个性上。性格色彩学虽然属于实用心理学，重点落在如何与人相处上，但它的教学基础依旧是洞见自我，即找到自己真实的性格。

　　不论哪种心理学体系，只要是钻入海底看冰山底部，目标是认清自己真实性格的，都避免不了回顾自己人生的过程。只要我们能搞清楚自己当初是什么样、现如今是什么样、为什么我们会从当初那个样变成了现如今这个样，拨开所有环境因素对我们的改造，就能对自己有很清晰的认知。

　　在夜深人静即将入眠之时，我们不妨借着本章节这六大因素来回顾一下自己的人生。当我们可以把自己那些因为生活所迫而穿上的厚厚的衣服一层层脱掉时，就可以触碰到最真实的自己了。

四、职业适配，用 MBTI

了解自己的性格适合什么职业？给你一个权威且靠谱的测评工具！

我在前面已经分享了一个观点：不论大家现状如何、未来做何打算，首先都要想尽一切办法认清自己的性格。

我之所以强调"自我认知"的重要性，原因有二。

其一，即便我们掌握了如何跟不同性格类型的人相处，但如果我们识别他人性格的能力很差，那就只会适得其反。而如果我们连自己的性格类型都识别不了，又如何去准确识别他人的性格呢？

其二，在生命的绝大多数时间里，我们跟哪个人打交道最多？不是父母和另一半，而是我们自己。所以明确知道自己的长板与短处，并想方设法与自己和谐相处，将直接决定我们这一辈子的幸福指数与事业高度。

如果将两个原因再进行一番比较的话，那一定是后者更为重要。

有研究统计表明，世界上绝大多数人对自己人生的迷茫期出现在 30～35 岁之间。因为在此之前，我们基本都是在父母、老师、工作的要求下去刻意训练某些能力。一方面，我们并不知道自己究竟适合培养什么能力；另一方面，父母、老师和领导也没学过心理学，不知道怎样因材施教。因此许多人培养出了与天性完全不相符的能力。比如原本运动神经很发达的男生被父母要求学美术；原本内向的大学生毕业后干起了销售，整天跟人打交道……

当然，因为某项能力的长期培养，许多人还是取得了一定的成绩，在三十而立的岁数，他们有了家庭，有了稳定的工作，有了社会地位，有了物质资源。直到这个时候，他们才开始坐下来思考几个很重要的问题：这是我想要的吗？我要这样过一辈子吗？我到底想要什么？

甚至还有一个听上去很哲学的问题：我到底是谁？

其实这就是"自我认知"的开始，那个真实的自己终于开始尝试撞破躯壳，寻找原本属于他的存在感了，而此时的抉择将直接决定我们后半生的幸福程度。如果继续逆着天性活下去，只会越来越累，在别人为我们设计好的坑里越陷越深；但如果我们能找到真实的自我，并顺着自己的天性开辟一条全新的快乐之路，即便最终没有达到巅峰状态，也能在年老时不留下遗憾。

我在课堂上经常举一个案例。有一位50岁的大叔，经营一家超市多年，里面卖各种生活用品。他是这家店的老板，这种工作环境与工作内容会要求他变得外向（主动与客户互动）、务实（解决实际问题）、理性（结果导向下决定）、趋定（做规划并严格执行）。

然而这么多年下来，他始终感觉很疲劳，后来通过学习心理学，他发现自己的天性分别是内向（自己待着最舒服）、务虚（想象力丰富）、感性（关注感受）、趋变（不喜欢受约束）。这四个维度不论哪一个都和他的工作要求完全相反，而过去这么多年来，他始终都在逆着自己的天性做着自己不喜欢的事，这必然会耗费他超多的能量，心累是早晚的事。

于是他在心理学老师的建议下做了两件事：第一，聘用了一个天性为"外向、务实、理性、趋定"的经理给他打工；第二，每天下午5点就下班回家，然后在家一个人悠哉游哉地拉着自己的大提琴。

第一章　认知觉醒：成为高手从认知升级开始

问题解决了！

有一部美国的短片很有意思，叫作《缓慢的莱纳》，片长只有9分钟。主人公莱纳有一个神奇的特点，就是说话和做事的速度连普通人的一半都达不到，不论干啥都慢慢吞吞，基本符合性格色彩里绿色性格的特质。当这个世界按照正常速度运转的时候，他能用慢放的模式生活。工作也不能按时完成，想跟喜欢的人表白却被其他人抢了先，客户也被别人给抢走了，从头到尾没有一件做得好的事情，最后被公司给开除了。因为那家公司是一家商业公司，追求的就是更高、更快、更强，高效与敏锐是每个员工必须具备的特点，所以像莱纳这种慢条斯理的人，根本没有生存空间！

他觉得自己的人生就这样了，但是在短片的最后，莱纳找到了一份全新的工作：他去敬老院做了护工。

这里全部都是行动缓慢的老人，舀一勺饭送到嘴里都需要好几十秒，从床上下来再走到客厅也要走10分钟。其他性格的护工做了几天就都跑掉了，但莱纳行动速度慢的特质完美地契合了这里老人的节奏，他开始获得自信，工作得非常快乐，最终找回了工作的意义与生命的价值。这种工作简直就像上帝专门安排给他这种性格类型的人的一样，完美地发挥了他的特长。

不妨拿游戏来举例说明"自我认知"的重要性。游戏世界里有各种类型的角色，比如魔法师、战士、弓箭手等。假如我们所选的角色是魔法师，就要找那些魔法防御力低的怪物练级，这样升级是最快的；而如果最初的选择是战士，就要找那些物理防御比较差的怪物练级，这样的升级方式才是最有效的；而如果最初选择的技能是给别人加血，就应该跟其他人组队，别人在前面冲锋，我们在后面打掩护做配合，获得的经验值平分，这样的升级路线才是对的。

换成现实的工作，我们只有通过"自我认知"，搞清楚自己的性格类型是什么、优点与短板是什么，才能知道哪一类工作可以发挥自己的优势，能够让自己最快速地"升级"，因为谁都愿意发挥自己的特长。如果让我们去做不擅长不喜欢的事情，而且一做就是一辈子，即便挣钱很多，相信绝大多数人也是不快乐的。

首先我们必须承认，在天性特质和工作要求完美契合的情况下，我们长期从事该工作的可能性会增加，而天性特质又会推动我们一开始就瞄准符合自己优势的工作。基于这两个基本原则，20世纪40年代，学者便开始调查，每一种职业（基于工作内容）中到底哪种性格类型的比例最大，得出来许多类似下图表格的结论：

职业	ST 型	SF 型	NF 型	NT 型
会计	64	23	4	9
银行职员	47	24	11	18
销售	11	81	8	0
小说作家	12	0	65	23
科研人员	0	0	23	77

来源：Mackinnon（1962）和 Laney（1949）

拿"销售"这一职业来说，SF型的人占了大多数，而NT型的人几乎没有。假如现在有一名应届大学毕业生的性格恰好是SF型，那我们会建议他去做销售，而慎重考虑小说作家或科研人员这样的职业。虽然不能说做销售就一定成功，做科研就绝不能成功，但起码销售工作能激发他的天赋潜能，顺势而为，不但他自己会感到舒服，而且成功概率也会提高。

所以心理学的老师们都非常建议大家尽可能早地接触心理学，完成自我认知，在确定自己的性格类型之后，确认该性格类型最适合的工作类别是什么。

现在不得不提到我自己的择业经历。从大三开始的第一份工作——山东电视台的日播脱口秀节目主持人，到现在的自由培训师，我已经换了6

份工作，每种职业都有令人不爽的地方。

　　还有许多人劝我未来做管理工作，因为他们认为管理才是正经又轻松的工作。给出这样建议的人往往是某一类性格，而这一类性格在特质上恰恰与我不符。像我这种性格类型的人，天然与管理岗位需要的特质相违背。管理岗位需要的就是前面"超市管理者"的要求特质——外向、务实、理性、趋定，但我的性格偏好却是内向、务实、感性、趋定，有两个维度不相符，让我做管理工作其实无异于让赤兔马去练习游泳。

　　当然，并不是说我就做不成管理工作，只不过我需要付出比别人更多的努力，且这期间会有大量的不适感。既然同样要付出努力，为何不把这份努力放在自己更擅长更喜欢的事情上来呢？

　　所以自从我选择做了自由培训师之后，一切问题都迎刃而解。虽然讲课需要表现得外向，但因为是自由讲师，平时不坐班，所以只要不讲课，我每个月都有大把时间独自在家，追求自己的"内向"偏好；我培训的内容大都属于实用性的，学完就能立刻上手服务于现实，不像思想政治、经济金融那种概念化、数字化、模型化的东西，这符合我"务实"的偏好；通过做培训，赋予了别人价值，给予了别人方法去解决他们自身的困惑，这让我获得了价值感，满足了"感性"的偏好；而因为不属于任何机构单位，没有人管束，我可以完美依照自己的想法去规划和排布每天的日程，这确保了"趋定"偏好上的舒适。

　　这也就从心理学上完美地解释了为什么如今的我活得比之前任何一个时期都开心，也非常期待未来会发展到什么程度。对此我保持着高度的乐观，这份乐观并非盲目，而是基于心理学的科学性。

　　虽然这两年的就业环境相当不乐观，失业人员数量的大幅度增加，如黑云压城般给应届毕业生的求职之旅带来巨大的精神压力，也直接降低了他们找到工作的可能性。但我始终坚信，每个人都有最适合自己的行业与岗位，只要耐心寻找下去，能力匹配到位，都可以实现"三百六十行，行行出状元"。

这便涉及一个很关键但绝大多数年轻人并未留心去探究的问题：到底什么工作最适合自己？

2011年我研究生毕业后加入了求职大军，当时的自己完全没有搞清楚这个问题，只是做好了简历，一股脑地抛撒在汽车制造、电视媒体、电子商务、电影宣发、房地产、银行等我目光能扫射到的一切行业，但最终大都石沉大海。而我也在这个过程中逐渐迷失了自己，并不知道自己究竟在追求什么，似乎哪个行业给的工资多便想去哪里，抑或听说某个同学求职成功了，便自认为照葫芦画瓢也能成功。

直到4年后开始接触心理学，我才意识到原来没有一项工作是适合所有人的。而一个人也并非仅有激情就适合所有的工作，人与人之间的性格类型不同，对事物感兴趣的点位与思考的方式也不尽相同。只有找到适合自己性格类型的工作，才能最大限度地实现自我驱动，这样不但过程中会开心，而且还能增加成功的概率。

这个观点我已经不知道强调多少遍了。可惜的是，绝大多数大学生直到毕业都没有在学校里接受过这样的指导。我曾经了解过许多高校的就业指导中心，它们很少能系统性地向全体毕业生分析"性格与职业"的搭配组合，甚至都不会强调"自我认知"的重要性，只是单纯地提供一些看似实用的面试技巧罢了。这就导致越来越多的应届毕业生虽然找到了工作，却在完全不适合自己性格类型的工作中逐渐烦躁、焦虑、困惑、挣扎、抑郁、迷失，直至窝囊而失败地度过一生。

基于我自己过往长达8年的心理学学习与研究，以及对各种心理学流派的涉猎与对比，在此帮助大家用更专业的方式去探寻"每种性格类型最适合的专业和工作是什么"。

第一章　认知觉醒：成为高手从认知升级开始

美国心理学家迈尔斯·布里格斯以荣格划分的人的8种性格类型为基础，编成了"迈尔斯 – 布里格斯类型指标"（Myers‐Briggs Type Indicator，MBTI），此后，该量表被学术界广泛研究和应用，并在研究中不断完善，最终以E（外向）–I（内向）、S（感觉）–N（直觉）、T（理性）–F（感性）、J（趋定）–P（趋变）4个维度8个类型，作为划分标准并进行组合，以区分人的性格差异。

比如某人的性格类型是ESTJ这四个字母的组合，那么他就是个外向、感觉、理性、趋定的人，同理还有ESTP、ISFJ、ENTP、ISFP等共计16种性格类型。

MBTI自20世纪40年代诞生至今，有无数学者用它来进行调研，并取得了许多学术上的成就。

那么，如何用MBTI来精准测试出自己的性格类型呢？我们只需要搜索"MBTI性格测试"就可以了，它里面包含各种类型的测试题，而且在帮我们确定了自己的性格类型后，还会直接根据大数据告诉我们该性格类型最适合的职业与专业是什么。

不过要注意，我建议选择93题版并进行测试，测试时长大约半小时。题目越多，测试出来的结果越精准。当然，最终究竟选择哪一个版本，取决于大家对自我性格认知精度的需求。

最后要强调三件事情：

其一，测试结果是否准确，取决于自己。

虽然MBTI的信度和效度都极高，MBTI-M的测试问卷也被证明是当下很准确的，但并不代表着测试结果真的是我们的真实性格。所以不论哪个专业的心理学流派都会强调，认清自己是一辈子的事。靠一套测试，就能在几分钟内完全确定我们性格的心理学工具是不存在的。

其二，不适合，并非意味着一定不行。

虽然每个行业都有偏好的性格类型的人，但并不代表非偏好的性格类型的人就无法在该行业找到自身的价值。比如演员这个职业，虽然看上去更适合外向性格的人，但内向性格的人往往更能把角色心态演透彻；虽然医生可能更需要严谨保守的思维习惯，但热情开朗的表达习惯却可以让病人在就诊时感到轻松愉悦；创业队伍固然需要秉承"不服就干"原则的"猛狼"去冲锋陷阵，可如果队伍里没有秉承和谐主义的成员，这群谁都不服谁的"猛狼"，恐怕在见到胜利的曙光前，便已内卷到体无完肤。因此，不论性格类型如何，只要我们懂得发挥自己的性格优势，终究都能在每个行业中找到自己的价值。

其三，一切都是最好的安排。

其实任何工作都有拓展我们能力的可能。就好比现如今的我，发现自己的性格并不适合管理专业，当初也不必花整整 3 年的时间在微电影事业上，但它们都在无形之中成就了现在的我。当初的管理专业可以辅助我的培训事业，尤其在讲授领导力课程上；当初在微电影团队那 3 年训练出来的后期剪辑能力，又帮助我在培训课堂上可以自主提供各种视频教学素材，而丝毫不求助于他人；过往那些在工作中跌进的坑，统统变成了如今培训课堂上的教学素材，又何谈过去的工作没有意义呢？

所以，能够准确进入自己偏好与擅长的工作领域固然幸运，但如果懂得善待当下的工作，并从中拓展出不同于自己天性的优势，扩大自己的舒适区，又何尝不是一种胜利呢？

情绪自控:

内心强大的人都是聪明的勤奋者

一、心智模式转换，以积极的视角看生活

我们往往搞错了身份，自己不是一战定输赢的人，而是信息收集者！过早选择退出，才是一切失败的根源！

不论是谁，在日常工作和学习中都会遇到一种情况，就是自己似乎竭尽全力，却依旧达不到想要的结果，也找不到任何快速解决问题的方法。于是我们心力交瘁，认为自己快扛不住了。

比如马上要给下属发工资，但本月业绩依旧不行的时候；

比如被毕业论文逼到发疯，没有人能帮自己的时候；

比如被父母催婚催得头昏脑涨，却无力对抗的时候；

比如影响一生的考试马上就到了，但自己准备完全不够的时候；

比如这个月已经连续七个甲方拒绝跟自己合作的时候；

比如被在意的人一次次冤枉，百口莫辩的时候；

比如突然接到准备明天就需要的工作资料的任务，但哪怕今晚不眠不休也完不成的时候……

要想缓解焦虑，唯一的途径依然是寻找解决问题的正确方法。所以我今天尝试换另外一种角度来解读。

我们在尝试新的事物或者尝试解决问题的时候，会遇到困难，不同的

第二章　情绪自控：内心强大的人都是聪明的勤奋者

人会在碰壁不同次数之后退出。那些过早退出的，往往都是缘于对未来不确定性的担心，他们很担心投入了时间却无法得到回报。所以遇到的困难越大，这种担心就越强烈，甚至引发恐惧。

大多数人都是直觉经济学家，直觉如果告诉我们一件事很可能失败，我们就不做了。其实我们畏惧的并不是困难本身，而是困难所暗示的时间经济学意义，人们更愿意解决时间短、见效快的问题。

所以仅靠碰壁次数或者壁垒的硬度来判断成功率，这本身就不靠谱，我们应该发挥"越挫越勇"的精神。如果遇到困难，不妨用一下互联网，用群体的智慧，看看别人是怎么解决的。要相信绝大多数情况下我们并不孤单，遇到的问题别人大多也遇到过，所以过早选择退出、不尝试解决问题，才是一切失败的根源！

有时候我们也会搞错了自己的身份，我们不是一战定输赢的人，而是一个信息收集者！

陈海贤老师的《了不起的我》这本书，一直在我的书橱里陈列着，简直是同行前辈知识与经验的高度提炼。他在书中说道，从达到成功前的信息收集者这一角度来说，世界上根本没有成功和失败的区别，每次失败的事情揭露出来的信息，一点不比成功事件中获得的信息少，或许还能得到更多的有用信息。我们在经历了失败又汲取了经验教训之后，只要是做正确的事情，也会觉得更加理直气壮。如果没有经历失败后的糟糕记忆，我们就算理性地认识到目前的做法是合适的，也很难从情绪上强烈感受到这么做的正确性！

完全控制不了的因素，就不要控制了，我们要把更多精力用来控制那些能控制的因素，剩下的就交给命运了，这个就叫"尽人事，听天命"。

我作为培训师的同时，其实也算是一名咨询师，私底下也经常给人做咨询。因为他们在生活中也遭遇了很难度过的坎儿，有的女生多次相亲失败，有的男生连续找工作失败，有的人对未来的发展感到迷茫，有的职场新人被虐到歇斯底里。

这些咨询者的求助都让我产生了很多的联想，想到自己上学时的经历，最大的思考就是，现如今我们的教育里可能更多是成功教育，却极少有挫折教育，以至于让大家从小就仰慕成功，追求成功，却极少思考万一自己失败了又该怎么办。

记得在高三的时候，学校为了给大家鼓劲儿，组织了一场拔河比赛。我们也难得踏上运动场，本来大家气势汹汹，恨不得一口气干掉其他班级，可谁料到一上来就被隔壁班给干掉了，两战连输。

在回教室的路上，我感觉大家士气低落，连话都不再说了，和来之前的状态形成了鲜明对比，而回到教室后，那氛围更不好了。

034

在我看来，这有什么大不了的？高中生身子骨弱，平时缺乏锻炼，我们班和别的班比起来也缺少人高马大的同学，失败也属情理之中。这种拼体力的比赛也不是喊喊口号、说赢就能赢的，况且这个失败也不算什么！可谁料到接下来的那节自习课上，居然有好多女生抱头哭起来，甚至有几个男生也发出了呜咽声和擤鼻涕的声音。

我之所以记得这件事情，是因为这是自打我出生后，第一次感受到挫折教育的严重缺位，原来大家在失败面前是这么不堪一击！我们班从高一起坐稳了尖子班的座位，听惯了成功的呼声，泡久了别人的肯定，熬了三年到最后，连个这么无关紧要的失败都没办法正面看待。

在寻找解决问题的方法以寻求脱困之前，我们对未来的态度也很重要！当自己被困境与失败搞得心力交瘁时，我们是更相信好事的发生，还是坏事的延续？

著名心理学家丹·麦克亚当斯说，在挫折面前，我们通常在心里会有两类故事。

第一类是绝境逢生式故事。这类故事，通常有一个很糟糕的开头，主角会遇到各种困境，但随着不断努力和探索，他会不断地走出困境，过去的纠结可能豁然开朗。即使痛苦无法彻底消除，也会积极地接受，去获得内心的安宁。

如果我们心里一直秉持的是这样的故事模式，那么当我们遇到困境的时候，势必相信自己会逐渐走出困境，并从中学习到人生智慧。因为过往这么多的故事原型，会在冥冥之中引导我们的行动。

第二类是堕落污染式故事。在这类故事里，主角最开始的生活不错，但是现实会逐渐把原先不错的生活打破，他会遇到各种麻烦，而这些麻烦就像是污染源一样，污染原先的生活，而他对此无能为力，一步错步步错，最终在悔恨中怀念过去。

如果内心秉持的是以上这种堕落污染式的故事模式，那么当我们在身处逆境的时候，就会担心自己的好日子也长不了，并坚信会有更糟糕的事情来终结当下的一切。因为我们坚信自己会受到惩罚，坏事也会被加速送到我们面前。当面临更大的麻烦时，我们就会认为：瞧吧！命中早已注定的倒霉事果然来了。于是我们会变得更加无助、更加迷茫、更加恐惧、更加悲观……

客观来讲，这个世界上没有什么事情是搞不定的，没有什么问题是解决不了的，只要找到正确的方法。是否相信自己能从当下的困境中逆袭，是能否有效展开行动的决定因素。

当然，采取什么样的态度，也跟自己过往的经历有关。

比如说我，就一直秉持着"绝境逢生式故事"的心态去对待所有出现的麻烦，因为自己曾经亲手书写了这样的故事。

2008年9月到2009年1月，应该是迄今为止我最拼命的一个时期。那时我念大四，在山东电视台做主持人，节目不仅日播而且每期节目的时长长达 50 分钟，所以我需要在上学期间频繁去电视台录制节目。

但我当时很清楚，如果想要长久地在山东电视台做下去，本科学历太普通，而且我当时在电视台待了大半年，已经明显感觉到自己面临着被淘汰的危险。电视台员工的换新率实在有点高，一年的时间能看到无数新面孔进来，同时也看到无数老面孔离去。因此，我决定报考母校的研究生，只要考上了，无论山东电视台用我还是弃我，我都会处之泰若、内心安然。

可是在山东这种考试大省，考研是许多应届大学生的选择，形势上完全不输高考时的千人挤过独木桥，所以很多想要考研的人，在大三的时候便开始准备了。当时距离研究生考试已经只剩 4 个月，看着周围早出晚归的"考研党"同学，再看看电视台的节目录制工作，我有些心慌了。如何快速追上别人的脚步呢？我当时采用的方法是两个：

036

第一， 从那时开始每天早上 6 点准时起床，晚上 11 点睡觉，只要不录制节目，便找地方学习。学校自习室的位置是很难抢到的，于是麦当劳、肯德基、电视台的化妆间，都成了我学习的场所。

第二， 花钱报了考研学习班，只要时间允许，就一定去听，只要是考试必需的资料，就一定掏钱买。因为我很清楚这就相当于电子游戏的攻略和秘籍，是寻求速度的"人民币玩家"的专属操作。

于是计划就这样展开了。那段日子感觉自己比高中时还要拼，连吃麦当劳的时候都在看题。但突然发生了一件不幸的事情。在 2008 年 11 月的某天下午，我发现只要自己一咳嗽或者深呼吸，肺部就像针扎一样疼，似乎左胸腔里有某种细小尖锐的东西。我到医院一检查，发现得了胸膜炎，于是我被迫回到聊城老家治疗。但是在复查的时候，发现自己竟然是五病缠身：胸膜炎、气胸、重感冒、胆囊炎、胆结石……

那个时刻，是我这么多年来为数不多的黑暗时刻。我感到绝望并且无能为力，因为一旦展开医治，光住院至少就要半个月。在这半个月的时间里，

第二章　情绪自控：内心强大的人都是聪明的勤奋者

是否会有人替补我的主持人岗位，我会不会甚至因此被永久踢出局？交了钱的考研班全部都不能上，而当时我甚至连考试内容都没有完全过一遍。在没有任何老师指导的情况下，我又是否能赶上缺失的进度？

没有更好的办法，我只能在胸前和手背各插一根管的情况下，躺在床上看学习资料。

出院后，我也没把自己当康复的病人，继续恢复之前边录节目边备考的状态。直到次年1月份，我向电视台请了两天假，参加了2009年的那场考研大战。过程是一波三折，但结果却又令人感到激动：成绩擦边过线，服从学院内部调剂，考上了两年制的工业工程管理专业的研究生。虽然需要交高昂的学费，但却为自己节约了整整一年的青春时光。

但同时，另一个确定消息也终于传到了我的耳朵里：2009年频道节目全面改版，山东电视台不再和我续约。当时我很庆幸两件事情：第一，自己当初预见到了被淘汰的危险，并决定考研以求自保；第二，没有在"心力交瘁"的黑暗时刻放弃自己，并最终得到了想要的结果。

这长达4个月的考研大战，距离现在已经13年了，但我认为这比拿到《超级演说家》全国四强的名次更让我感到自豪。后来，每当遇到事业上的问题，我都会抱有这种对待"绝境逢生式故事"的心态，这是我在寻找方法克服所有障碍之前首先抓到手心里的。

后来我接触到"4D领导力"，这种思维转换其实就是这门课中强调的"心智模式"这一概念：自己如何看待这件事，将直接决定自己的感受与未来的行动。

举个例子。阳光好的时候，我们都喜欢把被子抱出去晒一下，被子在阳光的长时间照晒下，会散发出一种让人感觉很温暖而干净的"太阳味"。盖在身上觉得非常的舒服，就好像在拥抱太阳，从内心迸发出一种愉悦的感受，能让我们睡得很香。

但是后来有个人告诉你，那是被子上的螨虫被太阳烤焦后散发出来的气味，试问当你知道螨虫长什么样的时候，当下的感受又会如何？

4D领导力课程强调的心智模式转换，其实就是让我们学会用另外一种积极的视角，去看待当下正在发生的一切。这与丹·麦克亚当斯强调的两类英雄故事的理论是一回事，就好比鲁迅与周树人都是一个人，只不过叫法不同罢了。

讲了这么多，我们来做个总结吧。在自己被眼前的局面搞得焦头烂额的时候，在自己被当下的困境摧残到体无完肤的时候，在感慨自己已经心力交瘁的时候，除非我们真的想这样破罐子破摔迎接失败与沉沦，否则，请从此刻开始，在心里坚定地相信绝境逢生的故事模式！

如果你从未有过这样"绝境逢生式故事"的经历，那就借当下的困境，努力去创造一个。若干年后，我们再回头看当初的自己时，一定会感激此刻的一切积极与努力！

别给自己留遗憾。

二、批评者算式，杀伤力超强的"魔咒"

1 条侮辱 +1000 条赞美 =1 条侮辱，它也许是这个星球上最有力量的魔咒，与其避之锋芒，不如与之游戏！

某天我无意中看到《滚石》杂志中关于拉里·戴维的一篇文章。拉里·戴维是美国著名演员，在 2003 年、2005 年和 2006 年三次被提名金球奖最佳喜剧表演奖。他的表演也被一份专业喜剧评论杂志排在"史上最伟大的 50 次喜剧表演"榜单中的第 23 位。

某个晚上，拉里·戴维去纽约扬基体育场看一场棒球赛，本来只想做一名普通的观众，然而在比赛中，他的照片突然出现在了球场大屏幕上，同时他主演的电视剧《抑制热情》的主题曲通过喇叭响遍整个球场，全场 5 万名球迷纷纷站了起来，为这位突然到来的明星观众欢呼雀跃。戴维本人也因主办方这个未打招呼的安排而激动不已，但就在戴维离开体育场的时候，一个家伙走过来喊道："Larry，you shit（你是狗屎）！"

从体育场回来的路上，戴维一直纠结于那个时刻，在他的脑海里一遍又一遍地回放着，就好像另外爱他的 5 万人都不存在一样。"那个家伙是谁？那算什么？"他问道，"谁会那样做？他为什么要那样说？"

你瞧，5 万人对他的喝彩都不如一个人对他的一句莫名其妙的谩骂让他印象深刻，一句侮辱的话就能够抹杀整个体育馆的欢呼。超过 5 万人的支持在那一点点痛苦面前瞬间就消失了。

不说明星，哪怕我们自己也是如此，不管是在可以看到还是看不到的地方，都会有人对我们进行评价：这个人工作踏实稳重；这个人长得漂亮，好像明星一样；那个人的文章写得一级棒，都可以出书了；那个人在朋友圈发的东西好好玩！

如果我们是被夸的那个人，听了肯定很开心。可是人生也有不如意，有时我们还会接收到别人的负面评价。就比如某个女生把自己的单人婚纱照发到朋友圈，许多人夸她，但突然弹出一个人的留言："有点胖，你得先减肥。"请问该女生此时的感受如何？

这就是心理学著名的"批评者算式"：1 条侮辱 +1000 条赞美 =1 条侮辱。它也许是这个星球上最有力量的魔咒。

040

《我爱我家》中有这样一个片段，贾志国参加大学宿舍同学会，发现当年给广告牌刷漆的老二现在是大画家，还上了《环球》杂志的名人录，作品今年起就要在香港拍卖。而老三竟然成了著名书法家，现在人家给孩子签字的那本作业本，回回交上去都要不回来。

这让贾志国感觉受到了侮辱，颜面尽失。受了刺激的他开始放弃自己在政府机关的工作，闷头在家挥毫泼墨，妄想成为大画家，结果画作送人当厕纸都没人要；他挖了院子里的树根开始搞根雕，妄想成为大艺术家，却被居委会大妈以"破坏公物"为名追着打；他在厨房耍起锅碗瓢盆，做大包子送给了邻居，妄想成为美食家，结果邻居认为贾志国是在报复，想用难吃的东西来毒死自己！于是灰心丧气的贾志国在第二天一早，就再次夹着公文包去单位上班了……

我们可以说拉里·戴维毫无必要，也可以说贾志国愚蠢犯浑，但我们敢保证自己就是个永远不在意别人负面评价的人吗？

第二章　情绪自控：内心强大的人都是聪明的勤奋者

"批评者算式"不但告诉我们赞美在负面评价面前的无力性，同时还附带给出了三条蛮有趣的相关论点。

一、批评者算式并不会因为成功而消失。如果你认为"只要我升了职或干成一笔大买卖，就不会介意批评者的批评了"，那么你就错了。拉里·戴维无疑是一名非同寻常的成功者，可还是会因为批评者算式而受难，所以不要认为追逐成功就能打败批评者算式。

二、每相信一次批评者算式，它就会更有"力量"。怀疑和恐惧就像肌肉一样越练越强，当我们相信了一次批评，下次就更容易去相信。

三、我们不是唯一有批评者算式问题的人。有性格心理学流派做过调研，不管嘴上承不承认自己在意别人的负面看法，在实际中，心理会受别人言论影响的人群占比高达80%以上。

每次上演讲课的时候，都会有学员说自己上台会紧张，问我应该怎么041办。我回答道："如果让你上台背'锄禾日当午，汗滴禾下土'会紧张吗？不会，因为你早就背熟了，你清楚地知道自己能背下来，所以会很自信。演讲也是一样，如果之前准备好了，甚至在其他场合讲了好几遍，便不会紧张。那为什么上台紧张？其实还有另外一个原因，就是当你在讲的过程中，发现下面观众看你的眼神是漠然的，便会浑身紧张。你会觉得他之所以摆出那副表情，是因为你讲得不好，他给了差评，所以你便慌神了。但实际情况可能是，你讲得不错，人家在认真听，你误读了观众的面部信息，给自己找了紧张的理由。"

归根结底，这类学员之所以紧张，恰恰是因为太在意别人的评价，而这个特点往往会耽误他们不少事。

大家可能会很好奇，还有那些不到20%的不会在意别人评价的人，都是些什么人啊？举个例子——司马懿。

《三国演义》中有无数精彩的段落，其中诸葛亮和司马懿的智谋比拼可谓铮铮佼佼。两个人都是军事家里的军事家，高手中的高手。诸葛亮最喜欢用的战法就是逼迫对方出战，只要对方一出战，他就可以用自己深谋远虑的筹划打败对方。所以他就派自己的手下杨仪去给司马懿送了一件用蜀锦缝制的女式华丽衣衫，借此来嘲笑司马懿像个女人，总躲在城里不出来，算不得英雄！

看到这件衣服，司马懿下面那些将领立刻被激怒了："士可杀不可辱，兄弟们，咱们出去与诸葛亮决一死战，以解心头之恨！"很显然，他们属于上面提到的那高达 80% 的人群。但司马懿却制止了手下将领，自己乐呵呵地把衣服展开，还披在身上，问蜀国来使他穿上是否合身。杨仪继续按照诸葛亮的计策试图激怒司马懿："哎呀，简直是为您量身定制的，看得我眼睛都花啦，比女人还要漂亮！"

帐内那些将领气得都快拔刀了，但是司马懿还是乐呵呵地说："谢谢你家丞相，这件衣服我收下了。"为什么司马懿要这么干呢？他知道，诸葛亮远道而来，粮食肯定不够吃，这么做就是为了逼自己出战，速战速决。但只要自己不出战，诸葛亮粮食不够，自然就会不战而退。而事实证明司马懿是对的。

那不到 20% 的人群，之所以不受别人负面评价的干扰，并非因为他们选择做埋头的鸵鸟，而是因为他们很清楚自己想要的是什么，况且越成功，给出负面评价的人会越多，所以与其天天和这些负面评价打交道，还不如把这些精力花在自己该做好的事情上。

批评者算式不会给人增加什么。"1 条侮辱 +1000 条赞美 =1 条侮辱"，看上去是个加法算式，但事实上它是个减法算式，它会减掉我们的赞美，减掉我们的幸福，减掉我们的乐趣。

说了这么多道理，但对于世界上 80% 的人而言，毫不在意别人的负面评价，真的太难做到了。

第二章　情绪自控：内心强大的人都是聪明的勤奋者

那我们到底应该怎么解决这个问题呢？最有效的方法就是自嘲，以开玩笑的方式把自己先埋了，让别人无法继续给你填土。

具体怎么做呢？当别人指出我们的缺点时，不论这个缺点符不符合，跟着别人调侃自己的缺点，能够化有形于无形。

自嘲不但显得大度，还让人觉得可爱，瞬间圈粉。

这件事情上，我觉得乐嘉老师做得不错。有人说"情感大师怎么还离婚三次"，他的回答是："我觉得对不起大师这个称号，因为我离婚太少了，经验还不够丰富。我争取这辈子离个 10 次婚，我会加油的。"

自嘲还有另一个好处，那就是会在潜意识里帮自己把这个疙瘩彻底放下。

举个我的例子。大概在 2017 年，我白天除了上班，晚上和周末还要运营两档自媒体节目，每天都要对着电脑剪视频，发际线严重后退，头发大把大把地掉。刚开始我还没注意到这一点，可过年回到山东老家的时候，许多老同学说："哎呀，你发际线怎么这么靠后啦！"我一听，内心特别难受，自那之后不管遇到谁，都会下意识地想，这个人是不是在盯着我的发际线看。

但后来和同事吃饭，牵扯到发际线话题时，我便不再回避："我的发际线又严重后退啦，再过几年怕是要变成火云邪神啦！你们当心哦，这事儿据说还传染！"

同事们哈哈大笑，没想到在接下来的几天，那些可爱的同事都来支招，帮助我拯救发际线。虽然用了一些方法，发际线也没有回来，但突然意识到，那时候的自己对发际线这件事情也没有那么敏感了。

当我们在生活中偶然听到别人的负面评价，说我们注定单身时，说我们是冷血动物时，说我们情商很低时，请试着自嘲，不要过于在意这些评价，先把它放一边，用可以让自己更快乐的事情去修复内心遭受的创伤，然后用开玩笑的方式说出去。这样我们就会发现，许多人会因为这样的举动而喜欢我们。

其实我们身边认可我们的人，远远多于那些给出负面评价的人，只是我们并不知道而已。

坦率而言，虽然自嘲属于以柔克刚的方法，是将严肃事情用开玩笑的方式拉回到地平线，这可以有效减少对抗的尖锐性，但自嘲这种方式与其说解决了问题，不如说是用一种圆滑的方式回避了问题。负面评价仍然存在，哪怕我们修炼到内心足够强大，有一天也终究会抵不住频繁的攻势，而且如果一个人只接受正面赞美，不接受负面批评，那他只会死守自己已经取得的成绩，永远不做革新，永远无法取得新的进步，也不会有更大的成就。

对此，我个人的建议是，接受有理有据的建议式批评，屏蔽无理无据的定义式批评。

什么是"无理无据的定义式批评"呢？很简单，正如文章开头那名神秘的观众对拉里·戴维说的话一样，他在没给出任何可信服理由的情况下，直接把拉里·戴维定义为"屎"，像这种批评，用如今的网络流行语来讲就是"无脑黑"。

比如在一些影评软件中，每部电影下面都有观众的打分和影评，许多像我这样的观众都会先去看这些影评和打分，然后再决定是否去影院观看这部电影。然而诸如"某人的电影我一定会去看""有某某的电影坚决不去看""某某烂片王"这样的评价，基本可以忽略，因为这些就是非常典型的"无理无据的定义式批评"。

因此，如果对方只是粗暴地用辱骂和批评给我们下定义，说不出个值得信服的一二三来，那就让它随风飘去吧。

三、为什么工作越忙越累，情绪越差

工作中频繁使用脑力，意志力能量使用过度，自控力下降，更容易因小事而受刺激，进而引发一些不必要的麻烦。

美国著名心理学家罗伊·鲍迈斯特根据科学实验得出一个结论：人们控制自己的行为需要依靠自身的意志力，而意志力会消耗身体能量。能量如果消耗过多，人的意志力就会减弱，就很难控制自己的行为。

他领导了一个著名的测试项目，参加测试的学生们被要求事先禁食，全都饿着肚子来到实验室，然后被随机地分为三组。学生的任务是做几道几何题，以至于他们还以为这是一场智力测试。但玄机就在这里，因为这几道几何题是完全无解的，测试的终极目的是测试这帮人能坚持答题多长时间。

与 A 组不同的是，B、C 两组被做了特殊处理。他们在做题之前被带入另一个房间，房间中有刚烤好的巧克力饼干和一些胡萝卜，测试人员告诉 B 组的学生可以随便吃，吃多少都无所谓；但测试人员要求 C 组学生只能吃胡萝卜，不能碰巧克力饼干。

大家能想象在接下来的时间里，C 组的学生有多痛苦吗？刚烤好的巧克力饼干散发着的香味，不断刺激着他们饥饿的肚子，可他们却只能看着

反本能思维：如何摆脱天性中的迷茫与脆弱

B 组的同学吃饼干，而自己只能啃胡萝卜！

始终饿着肚子的 A 组、吃饱了的 B 组、顶着诱惑啃完胡萝卜的 C 组，一起展开了原本无解的几何测试。测试结果显示 A 组平均坚持了 20 分钟，B 组也是 20 分钟，但 C 组平均只坚持了 8 分钟！C 组的意志力在对抗巧克力饼干诱惑的时候已经被消耗掉了，以致他们后来没有足够的意志力去解几何题。

这项测试得出的最终结论是：意志力是一种有限的资源，在某处用得多了，在别处就没的用。

这也解释了为什么许多年轻人在单位工作一天，回家后累得不想说话，而另一批年轻人去游乐场玩了一天后，还能继续蹦迪到深夜。因为繁杂的工作更容易消耗人的意志力，这里有强烈的"与天性对抗"的成分，但玩和娱乐是天性，除非玩的是烧脑游戏或自己不喜欢的游戏，否则在玩游戏的过程中意志力的消耗是很少的。

体内的意志力能量，可以被我们用来控制自己的行为与情绪，然而它们是有限资源，虽然可以通过休息恢复，但如果持续使用会很容易见底。一旦人体内的意志力能量出现短缺，我们就很难平和面对问题、冷静了解问题、理智做出判断、正确做出行动，因此我们变得更容易失控，更容易情绪化地看待问题，更容易以过激的方式来处理问题，最终做出伤害别人或让自己之后感到后悔的事情。

除了脑力劳动，我们还可能在工作中消耗很多意志力能量来控制自己的情绪，完成"情绪劳动"。

比如消防员，如果不能隐藏自己的恐惧和紧张，那么这些情绪就会妨碍他们拯救别人的生命；比如在监狱任职的狱警，他们不仅需要尊重囚犯，自身也要警惕、强壮、坚忍；再比如理财顾问，不是单单告诉客户哪个方案最优就完成工作了，实际上与客户的关系和沟通才是工作核心的所在。

第二章　情绪自控：内心强大的人都是聪明的勤奋者

服务性行业大都需要"情绪劳动"，因为大多数客服人员所面对的是以各种口气与态度表达各种诉求的顾客，诸如"你们的服务怎么这样，我再也不要你们家的了"这样的话，大概是客服人员要尽快习以为常的。可以想象，他们在听到这些原本与自己无关的抱怨后，内心大多是委屈甚至是愤怒的，但却被要求不准与客户针锋相对。服务人员若对客户表达不满，通常只会带来更多的麻烦。所以他们首先要掌握的技巧绝对不是如何回答客户的问题，而是如何快速处理自己的情绪，这就需要强大的意志力能量来支持了。

在工作中频繁做脑力劳动与情绪劳动、因为加班或过度使用意志力能量的人，一旦离开工作岗位回到家，就很难再多动脑和多做情绪管理了，他们更容易因为小事受到刺激，进而生气，甚至点燃工作中的积怨，引发家庭矛盾和情感矛盾。

所以有个观点说得好："一个人素质高不高，不是看他在公开场合或有精神时的表现，而是看他在私底下以及疲劳时的表现。"情绪具有传染性，许多证据显示，学生会受到老师的情绪感染，顾客会被服务他们的职员的情绪影响，而丈夫或妻子的情绪也会直接影响对方的情绪。在一个安静的人身旁，我们会感到平和；当接触到一个满腹牢骚的家伙时，我们原本开朗的心情也会立刻转为阴霾。研究人员已经证实这个过程发生得很快，只需两分钟和少许语言沟通即可实现。

现代社会与古代社会有一个很大的不同，那就是现代人的生活变得复杂了。在现代社会里，我们除了工作和休息，还要娱乐、参加社交活动、学习和发展。

之所以要提到这种古今对比，是想分享一个观点：我们兼顾的事情越多，就越要消耗意志力能量去控制它们，进而导致自己频繁处于"电量低"的状态。

话说得极端一点，如果我们人前光鲜亮丽，说明自己在保养和化妆上花费了太多的时间；如果我们从没丢过小东西小物件，说明自己在整理上花费了太多时间；如果我们从没做错任何事，很有可能意味着自己做的事都不够大，终究都在小事上徘徊，此生就很难有太大的成就。

我们的技能点数有限，不能指望自己什么都能，进而成为所谓的"全才"和"通才"。为什么《怦然心动的人生整理魔法》的作者近藤麻理惠强调，整理房间的第一件事就是扔？就是因为它们在不知不觉中占据了我们太多的意志力能量。就好比找写字用的笔记本，在一堆乱扔的衣服和完全不看的书堆中寻找，和一抬头就能在书架上看到它，耗费的能量必定是前者多一些。这些小能量虽然看上去并不起眼，但一天下来，许多小能量的消耗，很可能就会促成我们的一次情绪化。

意志力能量有限，且行且珍惜，尽量过"极简主义"的生活，抛开浪费精力的小事情，把最关键的事情做好，省出时间去享受生活吧！

四、三步化解让人崩溃的负面情绪

快乐如果八分满，遇到麻烦也舒坦；快乐如果三分满，吃喝玩乐找温暖。此时如果遇麻烦，三招避免变炸弹！

情绪化的出现，其实是一种很危险的信号。小事还好，但当我们遭遇人生重大麻烦和挫折的时候，不去冷静面对，不寻求解决的方法，把自己的未来和人生交给情绪，那和破罐子破摔有什么区别呢？

庆幸的是，经过几年的训练之后，情绪化这个问题虽然在我身上仍然存在，但发作的次数越来越少。绝大多数情况下，我都可以快速从情绪化状态中脱离出来，冷静面对问题。

情绪化的人往往是很感性的人，感性的人往往心直口快说话随意，不太顾及别人的感受。当情绪全面掌控大脑的时候，他们说话往往更加肆无忌惮，再加上这类人情绪来得快去得也快，所以经常出现的情况是，当下他们因为情绪口出恶言，冷静后却后悔莫及，想弥补也难。

我建议这类朋友熟记下面这句话："情绪化不出门，出门不见人，见人不说话，说话不议论，议论不决定，决定不行动。"记住这句话，可以最大程度让自己在情绪化的过程中，不会在言语上伤害到别人，避免在人际关系上产生更大的麻烦。但这句话仍然不能消除情绪，所以还需要掌握快速消除负面情绪的办法。

在说避免情绪化的方法之前，我们先要搞清楚，情绪化是怎么产生的。

假如每人每天对快乐的需求程度是一个杯子的量，那么水杯在八分满的时候，我们就足够满意了，当天晚上可以安然入睡迎接新的一天。在这种情况下，即便遇到些让人不开心的麻烦事，我们也很难情绪化，因为虽然它们抵消了一部分的快乐值，但这一天的快乐程度依旧很高，这种对快乐的满足度，是能够促进我们积极理性地处理这些麻烦的。

但如果快乐没有达到八分满，自己感到不开心，这时我们往往会采用多种娱乐方式，努力把当日的快乐值拉到八分满。可如果快乐只有三四分满，还没来得及去填充，此时一件甚至若干件烦人的事情突然出现，我们的快乐值瞬间被削减至空杯状态，就很容易情绪化。

050　　所以如何避免情绪化的出现，答案已经不言自明，那就是每天都努力让自己保持足够的快乐。

性格色彩学中有个很好用的工具，叫性格色彩卡牌。这个卡牌在设计时暗藏了很多玄机，其中一个玄机便是：如果某张卡牌是自己当下面临的麻烦，那么解决问题的办法就在这张卡牌的背面。

在红色卡牌"情绪多变"的背面，是蓝色卡牌"自律"。许多性格色彩的初学者并不能理解情绪多变和自律为什么是正反关系，尤其不能理解情绪多变既然讲的是情绪，那么后面应该是类似于绿色性格"平和宽容"这样的卡牌才对，可蓝色"自律"的卡牌上画着的却是一个小人在打扫卫生、看书、运动，这跟情绪有什么关系？

它们关系大着呢！

想象一下，一个不自律的人，晚上追剧熬夜到两三点，早上醒来没睡好没吃早饭，没时间运动舒展身体，甚至简单收拾一下形象的时间都没有，在地铁上刷手机，计算自己今天是不是又要迟到了，这个月的钱还够不够花，结果看到别人抱着本书在看，听到别人说自己签了多少单、赚了多少钱，估计今天上班时，只要有一点点不顺心的事，他就会恼羞成怒。

可假如他是个高度自律的人，在早上9点上班前已经睡饱了觉，早起做了运动，看了几页书，做了顿早饭，还在这个过程中听了有声书，临出门前还打扫了一下家里的卫生，请问他上班时的状态是怎样的？他基本都会是积极阳光的，因为他心里会想："一大早晨就做了这么多的事情，这一天肯定很顺利！"他在上班前便主动在自己的杯子里填满了快乐水，上班的时候，来了事也就不怕了，这样在一定程度上避免了情绪化的发生。

而他下班回到家，依旧会有计划地完成各种活动：做手工、练字、拼图、写文章，坚持早睡不熬夜。这些活动不仅陶冶情操，培养耐性，还能继续让他杯子里的快乐水稳步增长，试问此时如果有人刺激他，他还会火冒三丈、气急败坏吗？

所以，蓝色卡牌"自律"，恰恰是解决红色卡牌"情绪多变"的良策。

那么问题来了，即便我们做到了日常的自律，但如果负面情绪真的被激发出来了，该如何快速消除呢？我有一个朋友，有段时间工作很忙，每天的事情几乎都要按照半个小时来排列，本来就够烦心的了，结果一个事业合作伙伴说有个困难需要解决，家里老父亲也病了，孩子又在学校被坏学生给欺负了。所有的事情都向他发动攻击，他内心的垃圾就多了起来，一次在办公室就对着同事爆发了："我事情都那么多了，你们还给我添乱！你们爱找谁找谁，不要来找我，惹急了，我一个月不来上班！"过了一会儿，他意识到自己的情绪化了，觉得需要做一些事情改变现状，于是他做了三件事情。

第一件事情，取静。

他强制地让情绪化的自己远离嘈杂的环境，回到家，把手机关掉，把电视机关掉，把窗户也关上，放一些特别平静缓和的音乐。自己坐着一动不动，半个小时里什么也不想，将全部的意志集中在呼吸上，观察自己的呼吸，一呼一吸之间，让自己冷静，平复情绪。因为容易情绪化的人，本身就容易受到环境的影响，嘈杂的环境会助长情绪化，平静的环境可以帮助缓和情绪。

第二件事情，梳理。

此时的他已经很乱了，于是他便把手头上的事情全部写在纸上，每一件都很具体：小宝被人欺负了，需要跟老师交谈；明天课程要跟一下午；有一篇稿子要在后天之前完成……这么做，让自己变得理性，把该做的事情一件一件理好，然后按照表单一个问题一个问题去解决。

第三件事情，道歉。

他想了一下，最近自己因为负面情绪缠身，有可能说话伤害到谁了。哪怕有一点点可能，他也去跟人家用微信或者当面道歉："不好意思啊，我最近这段时间事情太多了，心情不太好，可能伤害到了你，但我只是因为压力太大，爆发了情绪，并不是针对你，如果真的伤害到你了，我表示歉意，真的不是有意的。"

结果听到他道歉的人反而觉得："哎呀，你看我都没太在意这件事情，人家压力这么大，还来跟我道歉。"于是立刻就问他，有什么困难需要帮忙的。这下好了，那些同事、朋友要么给他出主意，要么帮他分担一些事情。

感性的人，往往很在意别人给予的关心，收到的关心多了，快乐度也就上来了，他心中的杯子很快就填满了。我的这位朋友感到很温暖，而且事情一件件按部就班地解决，他很快就从情绪化的状态中脱离出来了。所以当我们同样因为负面情绪缠身导致情绪化爆发的时候，请记得这三步法。

还有一种情况，就是对方的一句话或者一件事情突然让我们产生情绪。这个时候，如果我们能意识到自己的情绪化，只需做前两步就可以了，把自己逼到一个安静的角落，然后观察自己的呼吸。平复下来之后，再梳理刚才所发生的事情前因后果是什么，以及有没有必要为这件事情生气。

当然，最重要的还是理解和包容。看到过一句话，"一切痛苦来自无明"，意思是如果我们看不清真相，就会经常痛苦。学会站在对方的立场理解他人，学会对事不对人，学会包容对方的过错，才是让自己彻底脱离情绪化的正道。

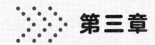 第三章

社交变现:

85% 的成功来源于人际关系

一、不做"感性囚徒"，破除强共情力枷锁

好帮手、好观众、利益点，此为"感性囚徒"自我解脱的三条道路！

电视剧《重版出来》中有这样一个片段，新手漫画家大冢君跑来编辑部倾诉，说他最近画不出漫画了，因为他很在意别人对他漫画的评价。虽然编辑部的工作人员一直建议他不要看，但他还是忍不住在网上搜了搜，如果看到有人夸奖自己，他便很高兴，就接着看了下去，但当他看到有些网友发表的负面评价，诸如指责他塑造的人物太单一、情节设计有些老套、感觉作品不会长久等时，他便陷入深深的自卑情绪中，连继续画漫画的动力都没有了。

瞧，又一个"批评者算式"的受害者出现了。

编辑部的一个员工为了给他打气，用上了高情商沟通术里的"逆向借力法"（把别人认为的自身短板，说成是他的长处）。他跟大冢君说，虽然有很多看了负面评论不为所动的漫画作家，但大冢君做不到，因为他的共鸣能力太强了。

共鸣能力太强的人，对身边其他人的喜怒哀乐会感同身受，想要理解他人想法的意愿也很强，这是作为漫画家最强的资质。这位年轻的漫画家不适合看评论，他会过于与负面评论共鸣，让自己满身疮痍，所以才画不出来漫画。

第三章　社交变现：85%的成功来源于人际关系

我对这段话产生了强烈的感受，因为这位编辑提到的"共鸣能力"，正是心理学一直强调的"共情能力"，即是否能够理解别人的处境，感同身受地帮助他解决当下的困难。

而拥有这种能力的人，大多数属于性格色彩学里的红色性格，以及MBTI里的F（感性）维度偏好的人群。这类人通常能将情感快速投入到周遭的世界中，经常跟着电影、电视剧里的人物一起嬉笑怒骂，能被感人镜头弄得鼻涕一把泪一把，听首歌曲都能在深夜独自哭成个泪人，这都是他们在共情能力上的卓越体现。

有人会问，这算优点吗？

不论是哪一派的心理学都在强调，性格本身没有好坏之分，只是看我们用得是否得当，用好了就是优点，用得过分了就是缺点。如果一个人感性成分很强烈，拥有共情能力，那么他们往往会在别人（哪怕是个陌生人）遇到困难时主动出手相助，从语言、行动到金钱上全方位给予支持，所以在别人眼中是温暖、天使与爱心的代表。可如果他们把自己的感性成分放大到极致，过于关注感受层面，便会出现情绪化、矫情、柔弱、妥协、纵容、退缩、自我否定、逆来顺受等一系列问题。

世界著名小说《荆棘鸟》中曾这样描写过女主角梅吉的经历：她小时候在天主教堂里学习时，遇到一位严厉的阿加莎嬷嬷，只要有学生在她面前出现上课打瞌睡、与同桌交头接耳、不讲卫生、问题答不出来等情况，便会被她用戒尺狠狠打手心。梅吉受到过这种残酷的待遇，所以对阿加莎嬷嬷一直充满着恐惧。

她是个聪明伶俐的孩子，要是能克服对阿加莎嬷嬷的恐惧，即使她成不了最好的学生，也可以成为优等生。可是当阿加莎嬷嬷那锐利的目光转向她，出其不意地向她抛出一个简单的问题时，她就结结巴巴地说不出话，也动不了脑筋了；她觉得算术很容易学，可是阿加莎嬷嬷把她叫起来进行口算的时候，她连二加二等于几都记不住；读书把她引进了一个极其迷人的天地，她怎么也读不够，可是当阿加莎嬷嬷叫她站起来高声朗读一段的时候，她几乎连"猫"字都读不上来。

实际上这就是共情能力的一种体现。感性的人原本也能接受别人的指责，只要对方能够和和气气地对他们说话，让他们感受到关爱与放松，他们便会主动寻求改正错误的方法。但他们很难接受别人的指责，尤其还附带着严厉的态度与凶神恶煞的眼神，因为这对于他们来说，意味着对自己的全面否定。所以接下来，他们会在战战兢兢中努力把事情做到不出错，倒不是为了把事情做好，而是害怕对方那让人害怕的态度。可倘若下回还是不小心犯了同样的错误，并换来更大程度的指责、谩骂甚至责打，那么感性的人将陷入长久的自卑情绪之中，轻则厌学、逃避、撒谎骗人，重则破罐破摔永不再动。

感性的人如果善于运用共情能力，便能成为心灵大师；但如果受制于共情能力，便会作茧自缚，成为壳中软体。

如果我们发现自己过于感性，容易关照别人的感受导致得不到好的结果，应该怎么办呢？我个人提供三种方法：

1. 找到好帮手，帮助自己

假如我们在日常生活与工作中，必须要做与杀伐决断相关的事宜，不妨找个性格色彩中红色很少、黄色很多，或 MBTI 第三维度中倾向于 T（理性）的伙伴，帮助自己处理这些事情。相信我们可以在取得好结果的同时，最大限度避免自己在人情世故上的尴尬，减少心理上的亏欠感。

2. 找到好观众，为自己鼓掌

感性的人往往在意别人的评价，鼓励能让他们开心、充满斗志，而批评与指责则会让他们产生强烈的自我否定感。所以如果我是大冢君的责任编辑，当发现他是此类性格的漫画家时，我便会隔三岔五搜集许多读者的文字好评，甚至鼓励的录像视频，不断为他加油鼓劲。当然，良性的建议还是要有的，但一定要用认可把他喂饱之后，再进行适度的建议（注意，是建议，而不是批评）。

3. 找到利益点，自我解脱

一个理性的人值得感性群体学习。因为他们天生就知道什么是正确的，什么是有利的，什么是该做的，什么是不必在意的。

其实感性群体在冷静或全无压力的时候，往往也能理性地分析，但可惜的是，一旦他们的感性力量发作起来，情绪便成为他们永远无法逃出去的牢笼，而此时他们必须要做的便是自我"洗脑"与自我解脱，以好处来诱导自己"脱狱"。

举个例子。对于我这种性格偏好为ISFJ（内向—实感—感性—趋定）的自由讲师来说，主动跟别人介绍自己的资历并推销自己的课程是很尴尬的事情。不但因为自己内向不喜欢交际，还因为自己会非常关注感受层面：人家会怎么看我这种做法？会不会影响到我的讲师形象？我要抬高自己以完成推销，但如果到时候讲不好，人家又会怎么评价我？我让朋友帮我推课，会不会影响我们之间的朋友关系？会不会显得我这个人压根就没课讲，所以才要走这一步？

但后来有个观点帮我完成了自我解脱："即便用不喜欢的方式，也要为自己的喜好服务。"所以一旦再遇到这样的情况，我会为自己寻找利益点：如果我做了这个推课的动作，并与别人达成一定程度的合作，那么我就有了充足的收益，可以更好地享受生活，而且客流也会有一个正向的发展，未来潜在的机会便会顺势产生。对方如果在这个过程中也有现实的好处，便会持续做我的宣传员，那么未来自己的渠道将会大大拓展。倘若因为这样一个小小举动的变化，我未来变成频繁出去讲课的培训师，大众又会怎么看我呢？

我做的动作是自己不喜欢的"自我推销"，但最终畅想出来的结果是服务于自己的感受层面的。所以自那之后，我便不羞于做推课的动作，而且越来越得心应手，也换来了不断约课的机会。

好帮手、好观众、利益点，此为"感性囚徒"自我解脱的三条道路，任君选择，试试看吧！

二、实用夸赞技巧，再理性也能招人爱

理性群体往往多关注事而忽略人，若想变得有温度，夸人是最好的修炼！

前面一直在谈感性人群，这回该轮到理性人群了。

假如我问大家，是喜欢理性的人还是感性的人，估计每个人会给出不一样的答案。有朋友喜欢理性的人，因为他们做事靠谱，思路清晰，且有自己固守的原则；有朋友喜欢感性的人，因为他们情感丰富，亲切感强，且有浓厚的生活情趣；或者还有一些朋友会给出一个太极味儿十足的答案：喜欢带点感性的理性的人和带点理性的感性的人。

但不管给出的答案是什么，我们大多数人都不会喜欢绝对化的人。太过感性的人，容易情绪化，不会冷静地思考问题，且容易在大事上左右摇摆举棋不定；而太过理性的人，做事像冷血的机器人，且因为在乎结果，往往不考虑别人的感受。

做事当然需要高度的理性，但别忘了做事情的依旧是人，而大多数人是感性动物。如果我们不能让感性的人喜欢自己，那也无法从他们那里拿到自己想要的结果，不管是事业还是感情，都是如此。所以，理性的人还是要学会变得感性一点，并跟感性的人打交道。

太过理性的人，怎么做才让人感到舒服？我个人给出的建议是：学会

反本能思维：如何摆脱天性中的迷茫与脆弱

夸赞别人！

一次演讲课上，有位机械行业的男学员，平常不怎么说话，但他会在课余的时候，默默端给我一盘水果或一杯热茶，此外没有任何互动。因为他的演讲的确不够好，最后的汇报演讲，我没有派他上场，他的演讲全篇都是理性的道理，基本没有感性的成分。下课之后，他在微信上问我他需要突破的是什么，我指出了他过于理性的特征，并猜想他平时应该很少从口头上认可别人。

他承认了自己的问题。于是我提供给他一个具体的办法，他同意并且照做了。一个月后，在另外一堂课上，我再次看到了台下的他，他在座位上两次跟我打招呼，没有任何手势，只是在对我微笑。我能感觉他的微笑变柔和了。后来他在一次演讲中提到这件事，内容是这样的：

"由于我自己的原因，我没有完全打开自己，所以整个演讲课我对自己不满意。回去之后，我给佳琦老师发了一条信息，我的演讲有哪些问题要突破和改正？佳琦老师说：你应该很少感性地去表扬别人和认可别人。我说那要怎么做？佳琦老师跟我说，从今天起，每天早上往裤子左兜放三个硬币，每表扬一个人，就往右兜放一个硬币，三个硬币要在一天内全部用完，第二天循环。而表扬的要求是，每次不少于 1 分钟，要语音或者当面说，绝对不能用文字，还要说出具体的情节。我按照老师说的方法去表扬我的员工，表扬身边的人。今天我能够站起来说出我的感受，这就是我的改变；今天我觉得我的小组每一个人都是优秀的，这就是我的改变。因为我之前只会看到别人的不好，不去认可别人。最后希望与我有一样问题的朋友们，一起用佳琦老师教我的这种赞美别人的方式来变得感性一些，多发现别人的好。谢谢佳琦老师！"

实际上，已经有许多像他这样过于理性的人，使用这一招之后给出了这样的反馈，他们确实变得招人喜欢了。

那么这一招的玄妙之处在哪里？凡是过于理性的朋友，都擅长发现缺点和问题，并且直言不讳地指出来，美其名曰"理所应当"。赞美不一定管用，因为时间长了，他们的感性特征越来越少。可感性的人恰恰在意认可这件事情，在总是得不到认可的时候就不喜欢他们了。感性的人一旦不喜欢一个人，基本不会配合对方的行动，哪怕对方说得特别正确而且有道理。所以当我们学会赞美别人的时候，便是主动打开了自己的内心。时间一长，自然会慢慢变得感性，同时也会让周围感性的人开始喜欢并认可自己。这一招同样适用于其他类型的朋友，不管感性和理性的比重是多少。

看到这里，有朋友可能会说："懂了，我这就去夸赞别人！"

稍等！夸赞和认可也需要技巧，否则等于无效。许多公司的中层领导都不会夸赞员工，每次表扬员工的时候，总感觉是在耍官腔："某某某做得比较好，我们大家要向他学习，学习他的奋斗精神，学习他的工作态度，学习他的这个那个……"这样气氛就有些尴尬，感觉特别敷衍，听着还有一股嘲讽的味道。别说其他人了，相信被夸的那个人都不爱听。

那么应该怎么夸赞人呢？给大家分享三个实用的技巧。

首先，要夸行为，不要夸心态。

比如这句话："我觉着小王这个人呢，做事认真仔细，态度一丝不苟，很有工作热情，非常好！"这就是个错误示范，因为这种夸奖是搔不到痒处的，若一个人总爱这么夸，时间久了之后，肯定会让人觉得他很敷衍，很仪式化！

正确的做法应该是这样的："我看了小王的 PPT，格式都非常整齐，连字体大小、每一行的间距都看得出他好好地调整过！"为什么这样做正确？因为这是在夸奖小王的行为，小王清楚地知道自己哪里做得对，于是会在日后继续加强，同时其他员工也知道自己的不足在哪里，也会下意识地修正。

其次，要夸小而平凡的事情。

有许多领导或者父母会觉得，既然是夸奖别人，那当然就要搞得隆重而盛大，也正因为如此，领导要等到员工有了值得大家学习的表现之后才愿意去夸奖员工，家长要等到孩子拿到特别好的成绩时再夸奖。

我认为这是错误的，夸奖的事情就是要小、要平凡，让被夸的人知道，自己不用干出什么惊天动地的大成绩就能够被别人看见，就能够让别人有印象！比如父母给孩子打扫房间，随口说了句："宝贝，你电脑桌面这么整齐，我单位里那些人的桌面，那个乱的呀，还不如你呢！"可以想象孩子心里是多么愉悦，因为父母注意到了他小而平凡的细节。

这一招最主要是让被夸的人感觉到，哪怕自己只是做出了最小的努力，都不会被人忽略！对我们来说，待在一个不会被忽视、不会被否定的环境里，其实比什么都重要！

最后，要夸后天的努力，而不夸先天的优势。

闺密老赫曾跟我讲，如果有人夸她热情、阳光、爱运动、爱玩、表达能力强，她是完全冷漠脸的，因为对她而言，这是理所应当的，但如果有人夸她行动力强、执行能力强、有主见、能一眼看到问题本质，她就会很开心，因为这些能力是她在后天通过努力掌握的。

我经常在外培训讲课，讲完后的评价历来也不低，有很多学员跑来夸我。但他们的夸奖全都在先天的优势上，会让人毫无感觉："蒋老师你声音好好听啊！""蒋老师你腿好长啊！""蒋老师你好幽默啊！"因为这些特点是我从小就拥有的，早就习以为常了，不需要让别人来发现和认可。

可是如果他们夸的点，全部都是我后天努力培养的，效果就完全不一样了："蒋老师您看了好多书啊，我怎么就做不到呢？""蒋老师您是怎么做到这么自律的，可不可以教教我？"　"蒋老师您教学用的电影片段特别精准，但我都没看过，您是怎么找到的？"

看书习惯的养成、时间的规划和自律、庞大的观影量……这些都凝聚着我自己后天的努力，都是通过各种办法逐渐得到的，与我的天性没有任何关系，需要我与自己的天性做长期的斗争。所以当别人夸我这些的时候，就是在承认我的努力，我自然就高兴了。因为不论是谁，都希望自己的努力被别人看到！

三、杜绝攀比，不入"相对剥夺"恶循环

靠攀比之心战胜眼前人，终究会陷入恶循环，想根除攀比之心，就不能与别人比，而是时刻与自己比。

为什么大家这么喜欢攀比呢？

原因非常简单，因为被比较的这些东西，无一例外都代表着财富和权势。一个人似乎拥有的越多，越能在外人眼中证明他的强大。

心理学中有个专业词，叫作"相对剥夺"，它指的是一种自己实际上没有任何损失，但还是觉得不公平，像是被剥夺了该有的东西的心理状态。比如中学时大家都是同学，可毕业后我没上大学，而同学上了大学，那么 10 年后当我看到他工作比自己好的时候，我就会感到不开心，但不会有挫折感，毕竟这是自己当初的选择带来的后果。可如果中学毕业后，我和他都考上了大学，结果 10 年后他成了公司老板，而我却还在打工，那我就会有挫折感了。这种起点看上去相同、结果却天壤之别造成的挫败感，就是"相对剥夺"。

那些看上去毫无缺点、近乎完美的人，非但给人一种虚假的感觉，还给人一种压迫感，这种压迫感其实就来自"相对剥夺"——同样是人，为何你这么优秀，却反衬了我的逊色？人们不愿意承受"相对剥夺"带来的挫败感，那么最好的办法就是通过各种途径让其他人产生"相对剥夺"。

第三章 社交变现：85％的成功来源于人际关系

一旦听到别人开始夸张和炫耀，自己也必须开始夸张和炫耀。如今这种道高一尺、魔高一丈的夸张式攀比，已经带有明显的"内卷"色彩了。

倘若这些攀比发生在日常生活中，倒也无妨，可如今似乎三百六十行都在做着不正常的攀比，一直这样攀比下去，对谁都没有好处。

不论我们靠攀比之心战胜了眼前的多少人，终究还是会陷入恶性循环，前方永远会有很多比我们还要优秀强大的人，那些人的财富和权势，也许我们终其一生都战胜不了。王觉仁老师在他的著作《王阳明心学》中说："当下中国人的可悲，在于我们过度追求物质财富，却很少注重精神生活。古人说'仓廪实而知礼节，衣食足而知荣辱'，从这个意义上来说，今日的中国社会之所以普遍缺乏高层次的精神需求，原因之一就是社会的整体发展水平还较低，使得大多数人不得不为衣食奔忙，导致较低层次的需求一直占主导地位。"

要想消灭自己的攀比之心，就不能处处与别人比，而应该脚踏实地地去做一些更有意义的事情，然后与过去的自己比一比。当我们看到别人有了几千块钱的包的时候，虽然可以用几万块钱的包去炫耀，但那也只能满足一时。可如果拿着这几万块钱，去世界各地旅游，去用心学习一门才艺，去观看几百场顶级的演出，它将大大丰富我们的精神世界，这就是对自己的投资，也是对未来的投资，它将伴随我们的一生。每个人的起点不一样，只要自己和之前比有明显的进步，那就是胜利！

四、隐藏锋芒才能赢结果、得人心

得人心者得天下，学会掩藏自己的锋芒，将更有利于获得理想结果！

不知道大家日常生活中有没有过类似的体验，那就是眼前突然来了个陌生人，在自己还没有了解对方的性格、阅历、文化水平之前，便已经明显感受到对方强大的气场。而那种气场有压迫感和攻击性，会让我们在开口前便有低人一等之感。

这就是强势的感觉。如果一个人长期运用心理学去观察这个世界，这种对强势感的捕捉能力会更强。其实并非对方身穿紧身衣、脚踏高跟鞋、留着剑眉、一言不发便是强势，它是一种说不上来却又极其明显地从对方骨子中散发出来的感觉。对方如果坐在我们面前，你会觉得手中的咖啡仿佛都不香了。

相比之下，强势的人更容易获得自己想得到的东西，但也可能因为强势给自己带来许多麻烦。把强势写在脸上的人，很难给别人留下好印象，反而可能让自己失去更多的机会。

举一个比较贴近现实的例子。我在给大学生做就业指导的时候，总强调性格对求职的重要性，其中一点就是设法掩盖自己的强势。因为如果去应聘工作，第一次面试我们的往往不是公司老板，很可能是人事专员或人力总监。如果我们把强势写在脸上，他们会感觉受到了威胁，甚至会预感到将会给他们的工作指派造成麻烦，于是我们就不容易被聘用。就算被聘用了，我们那种不可一世的傲人态度，也很容易引人反感。

记得我在读研时，去面试本科生的暑期支教团，希望能在课余时间去做一些善举。在面试的时候，组织方采取了群体面试的方式，让几个面试者围成一圈，共同策划一场给山区孩子讲的电脑知识课，但课程有个限制条件，那就是教室里完全没有电脑可用。为了保持自己明星学长的身份，并试图彰显自己的"高屋建瓴"，我全程闭嘴不参与讨论，只是到了讨论最后两分钟突然开口，对之前每一位成员的提议依次做了点评。汇总了所有的思想亮点后，我提出了一个整体的最优方案。我自认为那两分钟的表现可谓是"惊天地泣鬼神"，既有老学长因为多吃了几碗饭而衍生出的过人智慧，又有一个团队领导应该具备的大局观。支教团不要我，又要何人？

而事实证明，当时我就直接被支教团的学弟们在内心里排除了。因为对他们而言，他们才是支教团的领导，希望招募的新人会听他们的话，或者说是愿意与招募的人和谐共处，所以根本不希望自己团队里来个"大爷"，届时不但会剥夺他们的指挥权，还会给团队带来一种不和谐、不平等的氛围。所以我在面试中刻意塑造优越感的行为，成了他们眼中的强势表现，让自己丧失了一次参与善行的机会。

李诞为什么这么讨人喜欢，甚至上热搜供众人欣赏？就因为他让人舒服，哪怕是打辩论也让全场爆笑，特别放松，笑眯眯的，嘻嘻哈哈的，然后漫不经心地讲他的观点。这就收获了人心。

观众缘就是这么神奇，而舞台上的观众缘，也是生活中人缘的反映。我们常常发现，有些人明明也没什么大优点，但就是特别招人喜欢，人缘特别好，混得顺风顺水。有些人明明样样优秀，出类拔萃，人也不坏，但别人就是对他们喜欢不起来。我自己身边就有那么几个人，他们优秀地躺在朋友圈里，但我从不认为我们是一路人。

　　强势的人能获得结果，却难收获人心。不管是比赛也好，演讲也好，人在面临竞争和对抗的时候，总会下意识地拿起枪，所以性格比较强势的学员，在演讲舞台上天生弱于其他学员，但如果学会掩藏自己的强势，将会更有利于他们获得好的结果。

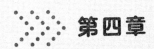

第四章

思维模型：

厉害的人都具备的底层逻辑

一、"通才"陷阱，削弱竞争力

武将不必弄账簿，文官不必举刀枪，宁要一招精，不要全都通，跌入"通才陷阱"，只会显得平庸。

某日一位同行老友问我："蒋老师，你现在主要讲什么课啊？看看我能不能帮你介绍！"于是我从手机中找出一份清单，七八门课目列在上面，并且附和了一句："刚开始做培训，才这几门，我争取未来一年增加一门，有生之年能到二十门，就很满意了。"

本来以为这样的说辞既能满足自己的虚荣心，又能换来对方的夸赞，谁料对方直接抛来一个犀利无比的观点直戳我心："单子看上去花里胡哨的七八门，内行人一看就明白，其实也就三门而已，剩下的都是混搭拼凑的，不过你这年纪，能有三门已经很不错了。"

我努力装全能的小心机在他面前无所遁形。

事实上，我确实存在一个固有的认知，那就是能讲的课越多代表培训师越厉害。然而这位同行告诉我，虽然这在宣传上有一定的作用，但自己的课单摆得像卷轴一样，企业里的HR看到了，也只会当它们不存在，只会询问对方最擅长讲的是什么，再进行详细的合作谈判。这位同行告诉我，一位培训师能否有持续的生意，往往取决于他最擅长的科目是什么，而不是他到底能讲几门课。所以，与其在课单里不断添加课，还不如想办法在其中几门课上下功夫，打磨到最佳。倘若未来在某一门课上，没有其他培训师能超过自己，那就有持续性的口碑与销路了。

这番话让我进行了深刻的反思并产生了一个观点：通才，有时反而没有竞争优势。

为什么看上去人人羡慕的通才，却没有竞争优势呢？这听上去匪夷所思，我举几个例子来说明，相信你就清楚了。

假如有三个主持专业毕业的学生，学生A主持新闻节目的能力是90分，主持娱乐节目的能力为20分，合计110分。学生B的两个数据是20分和90分，总分也是110分。学生C最有趣，他两者兼顾，每一项数据都是80分，总分是160分。

那么问题来了，如果你是一家新闻类节目的制片人，需要一名主持人，请问你会首先选择谁？多数情况下，我们会首先选择学生A，因为在选择的过程中，只需要看三位面试者主持新闻节目的能力即可。同样的道理，如果我们是一档娱乐节目的制片人，就会选学生B来做主持人。而总分最高的学生C，虽然各方面都有所涉猎，却是最终被我们淘汰的。

这样一个简单的事例，相信大家也发现了，一个什么都懂一些但没有一项专精的人，在职场上其实并不具有优势，甚至看上去普普通通。

我想起了自己2011年研究生毕业时，也面临找工作的问题。按道理来说，像我这种山东大学管理学院研究生毕业，在学校里又是文艺骨干，甚至还有在山东电视台做日播节目主持人经历的"精英分子"，应该是各大单位抢着要的人才。但好笑的是，我去应聘管理类的岗位时，对方以"是娱乐骨干，白领工作不适合"为由拒绝了我。我转头去应聘新闻媒体的工作岗位时，对方认为我专业不对口，建议我还是在应聘方向上走自身的管理专业，或许更具有优势……

　　而最终的结果是，自己当初完全瞧不上的管理专业的学霸反而轻松找到了工作，文学院或艺术学院的同学，一个个也找到了合适的工作，最终只剩下我这样一个自认为"全能型人才"的家伙，继续在求职队伍中不知何去何从。在哀叹"天妒英才"的时候，其实我并没有意识到，自己虽然什么都懂点，但哪一项都不专精，跌入了"通才陷阱"却仍在自鸣得意。

　　我玩过一个模拟经营医院的游戏。在这款游戏里，玩家要招募医生、护士、勤杂工、助理四类工作人员，每个工作人员都有自己的技能槽。随着工作经验的积累，每人最多可以开5个技能槽，也就是可以掌握1～5项技能。许多工作人员，他们来面试的时候就已经掌握了若干技能。他们会基于工作经验和多技能属性而要求高工资，然而这类人绝大多数都被我（面试官）舍弃了。原因是他们绝大多数都是什么都会一点的人，而我需

要的却是专精技能的人才。

　　就拿医生来说，我更想招聘的是5个技能槽全部被点到"医疗"的，因为如果该工作人员在该领域有很深的造诣，那么自己就可以把他专门放在那个科室集中工作，不但可以防止无谓消耗，还能大幅度提升该科室的治愈率。但如果一个来面试的医生，什么技能都具备一点，我便不好对他进行安排。因为不论安放在哪里，都会有其他技能的浪费，与其这样，还不如招募个小白，从零开始，按自己的意愿进行长期培养，或者招募只有一个技能的，对他进行长期定向培训。

　　虽然我在现实中没有真正参与过管理工作，但通过这样一款模拟经营的游戏，在这样一个自己当HR负责招人的过程中，也能深刻地感觉到，招工单位的选人原则首先是盯着对方的长板。如果对方的长板恰恰契合招工单位的需求，那最好不过，其他方面的能力也具备，这就叫锦上添花。可是如果对方的长板不够长，短板也不短，虽然看上去很全能，没什么大毛病，但对用人单位来说，却是食之无味弃之可惜的鸡肋。在如今就

业大潮来势汹汹、就业市场僧多粥少的情况下，只有专精人才才能在筛选中留下来。

　　少林寺里有句话，叫"宁要一招精，不要全都通"，说的就是这个道理。

　　可惜的是，自打幼儿园开始，我们便在培养通才了，一个学生如果总分很高，那他便是好学生，可如果一个孩子每次数学都是100分，英语却从来不及格，那老师和家长就会努力提高他的英语成绩。

　　家长与老师的苦心可以理解，毕竟高考拼的就是总分，拼的就是通才，然而这样的培养方式，不知道抹杀了多少单科的天才。更可笑的是，那些在通才模式中长大的孩子，那些自认为什么都懂一点却没有一项专精的人，往往还自信得不得了，以什么都懂为骄傲，并且凭借自己的综合素质向用人单位要求高工资。然而他们却不知道，自己早就跌入了"通才陷阱"，成了用人单位最看不上的一类人。

　　那我们应该怎么办呢？

　　首先要避免让自己成为只知一点的"通才"，就是什么都看过一点，什么都知道一点，但最后问他们到底知道多少？"一点。"就那么一点。他们什么都涉猎了，却没有自己独到的优势，问他们这个懂吗？"懂一点。"那让他们聊聊具体专业技能吧，就开始无实质内容地空谈。问他们这所有的里面最擅长什么？答案是"都还行，都知道一点"。

　　假如在自我审视后，我们发现自己在某方面没有具备竞争优势，任何一个工作领域都有身边的强人可以替代自己去占领它，那么请小心，你可能已经陷入被淘汰的危机之中了。能够清晰地认清自己的危机，是首要且最重要的一步。

　　其次，从现在起要想尽一切办法，打造自己的专属长板！

　　拿我自己举例子吧。在过往15年的以说话来赚钱的职业生涯中，我做过主持人、游戏解说、演说家、培训师，但我很清楚地知道，做主持人

反本能思维：如何摆脱天性中的迷茫与脆弱

我没有科班的底子，别人随便一口标准的播音腔就能把我抹杀掉；在游戏解说方面，我没有那种激情与幽默感，在这个行业充其量混个不高不低的层次；演说方面虽然懂一些，但我不是牛人，别人凭什么听我说呢？

所以算来算去，四个职业里只有培训能让自己具有优势。因此如果我把职业方向定在培训上，其他三个职业都能为它加持，让它变成我的长板：主持人的经验，可以让自己不论大小课堂都不怯场；游戏解说和讲脱口秀的经历，保证了说话的幽默感和表达能力；演说的训练让自己知道了怎么讲好故事。这些都是可以给培训锦上添花的事项。

明确了自身的长板后，我日常所有的选择都会以此为参照做取舍。比如看书是为了提高自己做培训时的知识量，看电影、电视剧是为了提取教学案例，报名参加其他老师的培训课是为了观摩取经，攻读博士学位是为了自己可以在培训场上更有专业度，如今写书不但是为了整理自己的知识库，而且是在为自己的培训事业做背书……当我所有的行动全部向一个方向发力时，自己的长板便会打磨得像把利剑一样。这种情况下，我相信自己在职场上会有一个很好的未来。

然而这并不代表着我们要完全放弃其他已经具备的能力。年轻时，我们涉猎多个领域很正常也很有必要，但一定要塑造一块最强的长板，使之成为自己立命的根本。在职场中，要清楚地知道自己最擅长什么，最强的能力是什么，做过的最能打动别人的成绩是什么，以及跟对方的需求是否匹配。

在面试或合作谈判时，我们当然可以大方地承认，某块领域自己真的不了解，对方也能理解。做武将的不必弄账簿，做文官的不必举刀枪，两者皆精那是神人。但如果文笔也懂一点，拳脚也懂一点，却样样都不精通，这辈子也只是一个"宋兵乙"而已。

二、自利性偏差，成功人"卖惨"的秘密

为什么有人成功后总爱"卖惨"？为什么营销式演讲总会讲自己曾有多惨？为什么人们会被这种"卖惨"演讲吸引？这里告诉你成功人爱"卖惨"的秘密！

从人性的角度来讲，身边的朋友如果成功了，有些人表面上会鼓掌，但骨子里面可能会羡慕嫉妒恨。可如果成功的是一个跟自己过往毫无交集的人，而且这个人当初比我们还惨，我们反而会喜欢听他的励志故事！因为他的成功虽然离自己很远，但会燃起自己对成功的向往，甚至我们内心里会相信，像他这样一个当初那么惨的人都能成功，自己也一定会成功！

然而真相是这样的吗？当然不是。在这里，我要站在演讲技术的受益者和教学者的角度来告诉大家，这些成功人士为什么要这样讲，以及我们到底应该如何看待成功这件事。

成功人士为什么要这样讲，有如下四大原因：

第一，虚荣心作祟。事实上每个人都有自己的虚荣心，只不过大小不一样。这些成功人士虽然成功了，但本质上和咱们一样都是普通人，需要满足自己的虚荣心。所以如果自己起点条件越差，便越能彰显自己成功的难度高，而自己成功的难度越高，越能代表自己有本事，就越能获得别人

的掌声，越能让人佩服得五体投地。

我们对待"富二代"的成功和普通小伙的成功往往会有不一样的态度。

所以演讲者为了让观众更佩服自己，便会有意去塑造自己当初条件的艰难，有意把自己打造成一个普通人的形象，有意放大自己当初面临的困难程度。至于自己优厚的家庭条件、爱人的资源助力、贵人的好意相帮等能不提就不提，因为这些都是减少自己成功难度的因素。

第二，为了保护自己。获得巨大成功的人，内心其实并不一定希望别人也能取得和自己同样的成功。所以他们会通过这样的演讲来吓唬别人："成功是需要付出很多代价的，所以你别妄想轻易获得我这样的成功！"

第三，观众确实喜欢关于成功的故事。我们大多数人很讨厌别人"卖惨"，但不得不承认的事实是，我们对"卖惨"还是会区别对待的。如果这个人想通过"卖惨"来获得晋级机会甚至别人的援助，那么我们是讨厌甚至鄙视的，但我们并不讨厌一个已经成功的人讲自己当初的艰难困苦。

有的人喜欢成功人士的"卖惨"，因为这样的内容能让人们获得一种潜意识的自我安慰："你看，别人成功是因为受了很多苦，我之所以到现在还没成功，是因为受苦还不够啊！"这种解释能让自己接纳目前的不成功，因为这样解释的话，没成功并不是因为自己主观的不努力，而是客观的经历不足。

第四，自利性偏差。说得直白一点，就是只强调好的一面，只强调对自己有利的一面。比如他们在创业时，恰好赶上了改革开放，或者当下的经济政策、宏观的经济背景给了他们机会，可谓是躺着都能赚钱，于是他们就成功了。当然，他们也在此期间付出了很多努力，可现实是，他们并不会主动承认是大环境或政策促进了他们的成功。

前面讲过，我在2014年到2018年做过游戏解说，直到现在大家都还

第四章 思维模型：厉害的人都具备的底层逻辑

能在搜狐视频搜索到《奔放的小瓜瓜》的全集，甚至我还在搜狐视频2016年的自媒体年度大会上获得了该年度的游戏频道"最佳制作人"称号。如今我在公开演讲和做企业内训的时候，都会提到这样一个辉煌的历史。坦率来讲，我内心很清楚当初能拿到这样的结果，除了夜以继日地做解说、做剪辑之外，更是大环境和搜狐集团内部决定的。

因为那几年整个网络自媒体行业还处于发展期，不像现在这样人满为患。当时几大视频门户网站都鼓励自媒体作者更新，所以只要作者频繁更新，不论质量好坏，都能获得不少的点击量以及高额的分成，而当初的我就是乘着这汹涌的浪涛触及了云端。

我的节目是搜狐视频独播，我把版权卖给了搜狐，其他网站不能发布，所以搜狐视频是重点推广的。那么即便台下坐的是游戏解说界的大佬们，他们依旧会找机会颁奖给我，以鼓励我继续留在搜狐视频做独家的游戏解说，而不是跑到其他网站开辟新的战场。谁不照顾自己人呢？我就是这样坐上了云端。

成功人士即便总结出了成功的道理，也很难有参考意义，因为他讲的是自身的个案，不是大数据的统计结果。如今励志流派的最大问题就在于此，它们或者是某个成功人士的个人感悟，或者是某个记者搜集的八卦逸事，甚至是某个作家臆想出来的心灵鸡汤，都不是科学理论。在个人传记里，成功人士往往拥有传奇经历和突出个性；在八卦逸事里，成功很大程度上是因为他会耍嘴皮子；在心灵鸡汤里，成功是因为他有正确的价值观，做了正确的事。可谁知道这些道理是不是可重复和可检验的呢？也许这帮人只不过是运气好而已！

所以，我们需要的是科学的励志。只有作为参考的理论具有普遍意义，当事人的成功才可以被我们复制。就拿高考状元的例子来说，最科学的方法，并不是听某个高考状元分享他的经验，而是让社科人员找到可观数量

的高考状元，综合统计与分析他们成功的原因并公之于众，这才具有效仿
的可行性。

三、专注与预演，吸引力法则

吸引力法则的本质是专注与预演，想的意愿非常强烈，并付诸实际行动，会更容易成功！

2018年初混迹北京的时候，闺密老赫和丹丹给我推荐了一本书，叫《秘密》。这本书是讲吸引力法则的，内容看上去特别唯心主义，且字数特别少。但她俩告诉我，信这个东西的人是真的信，而且老赫还强调，她自己当初就是靠这个理念考上了研究生。

我将信将疑地买了一本来看，发现里面的理念极为玄妙。书中讲的是当我们把思想集中在某个领域的时候，跟这个领域相关的某个人或某些事都会被它吸引而来。书中还列举了很多发生在现实中的很神奇的案例，甚至还具体到了国家和姓名，比如想象着明天来个大客户，结果大客户就真的来了；想象着自己明天考试能考得特别好，结果考试的时候发现真的每道题都见过！

我惊了！这不就跟成功学是一个套路吗？一个生长在唯物主义大旗下、运用科学思想武装自身的中国青年，怎么可以被这种东西洗脑！

但随着这几年培训事业的进展，见识到了各种各样的人之后，我发现，抛开对唯心主义根深蒂固的偏见，它实际上还是有一定道理的。

这里要提到一个很重要的概念，就是"幌"。人都是带"幌"的，也就是招牌。我们走在路上看到一家店，打眼一瞧就知道那是饭店。为什么？因为人家有招牌，上面写着"某聚德"，写着"某当劳"呢！而我们看到一家店门口红白蓝三条纹路在一个透明的筒子里转，肯定知道那是一家理发店，这个就叫"幌"。

人也有"幌"。比如说我的"幌"是讲课的老师，是当年做游戏解说的主播小瓜瓜，是《超级演说家》第二季的四强选手，是个平时喜欢看书、看电影的人。所以就会有很多人找我讲课，也有人找我做游戏的宣传，找我到高校里去做演讲和参加观点表达类的节目，跟着我一起读书追剧，大家一起打卡。

因此，在我们把自己的"幌"亮出去后，别人知道我们的"幌"是什么，自然就会吸引到相同的人来。

所以"干一行爱一行"是有道理的，我们要是干着这个行业，还说这个行业不好，就吸引不到相关的人了。我如今经常遇到这样的人，包括年轻时的自己也是，明明在一家公司工作，还老说老板不仗义，公司里边钩心斗角，给的酬劳不公平对不起自己的付出，看不到前景。那为什么还要在那里做事呢？所以维护自己身上的"幌"，这对每个人来说都至关重要！这是吸引力法则的第一个层次。

这几年我开始做演讲培训，我慢慢意识到这里面其实是有科学道理的。举个例子，因为单位办了个活动，明天你就要被派去演讲了，单位之前就邀约了很多的人，所以今晚睡觉的时候，你还在担心明天是否能顺利进行，而这个时候，你就会想："明天肯定很顺利！"

你在想象的时候，首先要想明天的流程。你可以想象客户来了是怎么进来的、脸上是什么表情、签到的时候怎么签、进会场是什么动作、提着什么包、跟谁在寒暄，自己上台的时候是怎么走上去的、音乐是怎么配合的，等上了台之后自己要讲的第一句话是什么、台下观众给了自己怎样的掌声，最后客户是怎么跟自己交谈的、怎么刷卡的，之后又是怎么谈长期合作的……这些细节你都在脑子里过一遍。

　　为什么想得越细越有效呢？在想象的过程中，逼迫自己从各个角度去审视活动的每个细节。你站在客户的视角，从头到尾体验了一把之后，自然而然就会发现问题，然后就会立刻采取措施去杜绝这些问题。比如你正在想象明天演讲的盛况，在想象台下观众的表情，突然想道："呀！主席台上还没有我公司的 Logo，话筒上也没有贴呢！"这个时候就是在提醒自己了！

　　这样做还有个好处，可以杜绝明天上台时的紧张和慌乱，你已经在心里整体走过一遍了，成功经历了一次。所以第二天的活动对自己来说就属于重复上台，该讲的东西都讲过一次了，那还紧张什么？

083

　　所以吸引力法则的原理就是我们已经想象到最好的状态，并且采取措施杜绝了可能发生的问题，那么最好的状态就会出现，我们就会自信满满。这样的状态也会传递给自己的同事、合作伙伴和客户，并且感染所有人。自己浑身都充满魅力，你不成功谁成功呢？吸引力法则的本质其实就是专注与提前复盘，想成功真的不一定成功，但如果想成功的意愿非常强烈，并付诸实际行动，就会更容易成功！

四、敢于革新，成长型思维

"习得性无助"让人无法面对挑战，"习得性成功"让人无法面对革新，它们出自一个娘胎——固定思维，放任自流，后患无穷！

084　　　美国得克萨斯州是著名的"牛粪之都"，因为这里有 1300 万头牛，是全美国养牛最多的地方。根据美国环境保护署（EPA）的数据，每头肉牛每年大约产生 10.4 吨的粪便，而据美国食品与水资源观察署（Food and Water Watch）的数据，2017 年，来自得克萨斯州养牛场的粪便量大约为 0.27 亿吨，这大致相当于一个拥有 4460 万人口城市的粪便产量。最关键的是，这群牛还总爱到处溜达，甚至会跑到公路上，在公路上随地拉屎！这可就是大事了，要知道牛粪中含有对人体健康有害的物质，会引起呼吸道疾病和心血管问题。冬天，牛粪问题还不太严重，可到了夏天，牛粪经过太阳暴晒，再被狂奔的牛群踩踏，牛粪粉尘就会在天空中飞扬，那画面不敢想象。

　　　虽然得克萨斯州长期高薪招募"铲屎官"处理这个问题，但总要想办法让这些牛起码不要跑到公路上拉屎吧？有哪个司机愿意在满是牛和牛粪的公路上开车呢？所以为了不让这些牛跑到公路上，一开始人们会在地面上挖深坑，并在上面架上铁栅栏，这样牛蹄子一旦踩上去就会陷住，牛儿们自然就不会穿越马路了。虽然损失了路面的平整度，但汽车起码还能通过，可谓一举两得！

　　然而时间长了人们发现，其实不需要挖深坑和架上栅栏，只要在地面上画上白色的格子线冒充陷阱，牛一样不敢跨过去！因为牛的视线很低，再加上是色盲，只能看到黑白色，所以就导致它误以为那就是过去看到过的栅栏和深坑，自然就不会过去了。

　　这个其实就是心理学中所谓的"习得性无助"，指一个人如果在事件A中失败，那么在接下来类似事件A的事件中，他也会感到恐惧与害怕，以至于不敢尝试。而如果在类似事件A的事件中再次失败，那么这个人便很容易进入"习得性无助"的状态，自认为此生无法解决该问题了。

　　有能力做好的事情才会被自己喜欢，做不好的事情，是绝不会喜欢的。

　　很多人说自己对目前做的事情毫无兴趣，而对别人正在做的事情感兴趣，然而99%的事实却不是这样。第一，他们并不是没有兴趣，而是没有做好，因为几乎没有人会喜欢自己做不好的事情，每个人都习惯性回避自己的短处。比如，像我这种唱歌不好的人从来不喜欢去KTV聚会；牌技差的人不喜欢跟朋友一起玩牌；不擅长社交的人不愿意参加聚会，开会时也坐到角落。第二，他们之所以喜欢别的事情，只是因为还没开始做，还没在那件事情上遭遇挫折，也就是我们常说的"光看见别人成功，没看见别人流汗"。

　　很多家长给孩子报兴趣班，美其名曰"培养兴趣"，其实是本末倒置的。比如买一台钢琴让他弹，如果孩子能弹得很好，并且获得了别人的表扬和认可，自然就能有兴趣；然而假如孩子一上来就在弹钢琴这件事情上频频受挫，父母再逼他也是没多大作用的。所以正确的做法，应该是根据孩子的情况，选出孩子最能比别人做得好的事情，然后鼓励他学会和提升。只要能一直比别人做得好，那么兴趣自然也就出现了。

　　"习得性无助"是值得理解的，毕竟不论是谁，在同一类事情上接连失败，都会让人产生自我否定，但它终究要被打破，否则可能会成为我们一辈子的梦魇。

然而还有一种与之对应的心理状态，也是需要自我觉察的，那就是"习得性成功"，指的是如果一个人在解决事件A的过程中，采取了某种办法并获得了成功，那么他在未来一旦遇到事件A或者类似事件A的事件时，都会习惯性采用这种办法去解决，并且有意识地屏蔽掉其他办法，即便从理论上来讲其他办法可能更有效。

比如某人去快餐店，如果第一次吃到的饭菜口味不佳，那么他这辈子可能都不会再成为这家快餐店的客人了，但如果他第一次在那里吃到的某份套餐很好吃，极有可能以后每次来店里只点这份套餐，即便菜单上可选的套餐有很多，甚至这家快餐店还会不定期推出新品，他也不会尝试，这其实就属于"习得性成功"的思维。说得好听点叫"专一"，往深了讲，其实就是"不愿意承受失败"。

"习得性成功"的另一个坏处，是无法用发展的眼光解决当前面对的问题。典型的例子就是晚清政府在面对鸦片战争时的方寸大乱。茅海建教授的《天朝的崩溃——鸦片战争再研究》一书中提到，清政府在长期镇压起义的过程中获得"习得性成功"，所以一旦遇到外敌，往往会采用老祖宗留下的两套法子来解决问题：或"剿"，或"抚"。

所谓"剿"，就是派兵进攻，打得敌人几十年不能翻身；所谓"抚"，就是和谈，甚至设法招抚，让敌人变成自己的军队。这两种方法在过去几百年的时间里总有一个会灵验，所以尽管鸦片战争骤然而至，尽管清政府全无准备，但道光帝有"剿""抚"两套程序。一个不灵就用另一个，另一个再不行，那说明第一个当初没用好，回头再试一次！

在战争的最初几个月中，清政府由"剿"而"抚"，后又回到"剿"的套路上去，一波三折。然而清政府面对的却是新问题，操纵着火炮铁舰

第四章　思维模型：厉害的人都具备的底层逻辑

的英军绝非一般海盗所能比拟。敌人是陌生的敌人，问题是全新的问题，根本就无祖制可守可循，以至于最后以丧权辱国的失败告终，这是非常典型的"习得性成功"思维带来的灾难。

不论是"习得性无助"，还是"习得性成功"，都会带来麻烦。前者让人无法面对挑战，后者让人无法面对革新，两种思维看上去是正反两个维度，但却是一个娘胎里出来的同胞兄弟。这个亲娘就是开篇时提到的"固定型思维"，它的核心就是"不动"——能力不会动，问题不会动，办法不会动。

拥有固定型思维的人在上学的时候就认为智力是天生有高有低且不会变的，所以他们为了证明自己在智力上的优秀，往往只会做自己很擅长的事情，而遇到挑战时会避免挑战，遇到阻碍时会自我保护或者轻易放弃。因为只要自己从不失败，就永远都是优秀的人，结果导致他们原地踏步。等到其他人都冲到前头了，他们就开始自暴自弃，认为自己天命唯此，努力也是无用的了。

等固定型思维的人长大当了老板，就特别喜欢寻找天才、雇用天才和嘉奖天才。因为在他们看来，这个世界上只有天才和"非天才"两种生物，他们才不愿意花时间去培养人才，与其这样，还不如把那些时间和金钱用在寻找天才上。而他们找不到天才的时候，就会环顾四周并且哀叹："天才都到哪里去了？"

固定型思维的人谈恋爱，也会坚持宿命论。要么两个人天生合适，要么两个人天生不合适，以前是，现在也是。所以在他们眼中，最理想的情况是即刻地、完美地、永恒地和谐相处，就跟童话故事的结尾一样，王子和公主从此幸福地生活在一起。既然真爱天注定，那就根本不需要努力经营，理解和尊重对方是自然而然的事情。只要不自然，就证明不合适！

他们往往还坚持"本性难移"的观点，一旦发现对方的缺点，就会看不起对方，并且对整个恋爱关系感到不满。他们的本能反应不是反思自己解决矛盾，而是开始怀疑眼前人是否是此生注定的那个人，进而导致分手，甚至会在分手后持续伤害那个使他们遭受痛苦的人。他们内心希望对方活得很惨，譬如高喊着"你会遭报应的"，因为只有这样才能证明自己的正确。

如何打破这种固定型思维呢？就是采取成长型思维。我们要认识到接连失败并不代表着永远失败，过去成功不代表着未来都会成功，也就是中学思想政治课本里提到的，但当时根本看不懂只能死记硬背的那句话："用发展的眼光看问题。"

电影《土拨鼠之日》里的男主角菲尔，最初就是个典型的固定型思维者。他进入到一个特殊的情境中，不论第一天做了什么事情，等睡一觉醒来后，依旧是重复的这一天，永远都是2月2日，土拨鼠日。我们的每天都是新的，但他的每天却在不断反复，生活陷入无限的循环中。菲尔刚开始有些混乱，面对突如其来的一切无法接受，不过在过了一段时间之后，菲尔发现当前的一切给他带来非常多的便利，他可以为所欲为，还无须担心明天会受到什么惩罚。

088

没过多久，他就开始厌烦这一切了，因为在什么都如意的情况下，他却发现唯一不能做到的竟然是取得他同事Rita的爱，虽然他花了非常多的功夫去讨好她，但还是功亏一篑。

他开始对生活失去信心，并开始消极生活，甚至尝试自杀。没想到他根本无法杀死自己，因为第二天一早，他都会好好地躺在床上等待同样的一天的到来。他后来采用了成长型思维，利用这个循环的时间去学钢琴、看大量的书、学冰雕，用掌握的信息帮助其他人，最终走出了这个死循环。

NASA在选拔宇航员的时候，会拒绝那些经历简单、一帆风顺的人，而会选择那些曾经经历过重大失败并且重新站起来的人，这其实也是在把固定型思维的人筛掉，而保留成长型思维的人。

　　所以如果我们过去总失败，与其让这些失败成为此生的梦魇而始终逃避，还不如总结一下过往失败的原因，尝试去面对和挑战它。说不定当初的失败并非自己主观的原因，可能是各种客观因素综合导致的。而如果我们过去总在一个模式下成功，那就要居安思危了，因为随着时间变化，未来所面临的问题终究会不断变化。所以与其到时候左右为难，还不如趁现在，在确保安全的前提下，尝试一些新的路数以实现自我革新。

　　道理说了这么多，其实就是三个字：多总结！

　　比如我的大学同学老吴，在这一点上就做得特别好。上大学时，老吴挑大梁为社团办了场活动，事后大家认为他已经做得很好了，他却在庆功的饭局上喝着啤酒，掰着手指头，分析哪几件事还能做得更好。虽然当时这种理性思维在他人看来简直是大煞风景，可换作一般人谁能做得到？恐怕早就在别人的赞扬声中飘飘然如上九天云霄了。

　　等他后来参加工作，更是将这种习惯发挥到极致。公司每周都要举办一场客户答谢会，大家都认为，只要规定好客户答谢会的各个环节，大家只需要排兵布阵、按部就班地流水化作业就行了。可自从他做了负责人，每周的客户答谢会的内容都与上次有至少30%的变化！这令他的手下苦不堪言，因为虽然每次只有30%的变动，却要为此动用大量的人力、物力、财力。比如，以前用了乐高做游戏环节的道具，这次完全可以重复利用，就不需要再买了，但他宁可让乐高躺在库房睡大觉，也执意要换成别的游戏道具。这怎么想都是不划算的，但他有自己的道理：被之前活动证明不好用的东西，那就要立刻换掉；而被证明好用的东西，那就要想办法让它有更多用处！

　　在这样的活动持续办了三个月后，大家忽然发现，原本只是走过场的客户答谢会，竟然成了公司的招牌活动，甚至成了二次销售的主力战场。以往来答谢会的客户们大都是新客户，参加完一次就不来了，但因为老吴的不断革新，导致老客户还会来参加。要知道在销售场有个"二八定律"，20%的产品销售额来自80%的新客户，但80%的销售额却往往来自那20%的老客户。这些老客户不断将信息发酵传播出去，反而大大拓宽了公司新客户的来源渠道。

我曾对他笑谈道，这就是典型的"舍不得孩子套不着狼"，但后来细想之下，才发现这根本不是舍不舍得的问题，而是敢不敢和愿不愿的问题。倘若换我做客户答谢会的负责人，自己还真的操不了他那个心，估计只会流水化作业，规定好活动的所有细节，毕其功于一役，然后就高枕无忧了……

不受困于过往，尝试面对问题，不执着于经验，偶尔来场变革，才能在如今日新月异的生活中寻找到新的领地。虽然自己教领导力，总告诉别人要挑战现状；虽然自己教心理学，总告诉别人要直面问题，但自己也往往做不到，时不时地又回到固定型思维之中。所以我也总是感慨：这"为人师"，与"为人师表"，还是有差距的！只不过"为人师"有个直接的好处，那就是每当给别人上课时，都在变相提醒自己要努力"为人师表"。

修炼确实很难，但如果认为自己根本办不到，这本身就又是固定型思维了，不是吗？

深度工作：

变得越来越靠谱的四种能力

一、加强自控力，强己所不能

科学统计，最能决定成功的因素是自控！可供掌控的能量足够多，便能持续输出，稳操胜券，游戏如此，人生亦是如此！

关于成功，最重要的一个素质到底是什么？有人对大学生的 30 多项品质进行了统计，结果发现，绝大多数品质对他们的学习成绩几乎没有任何影响，真正能左右学习成绩的品质只有一个：自控。

为什么自控就能让大学生在学习成绩上领先呢？这个道理很简单，能管住自己，能拒绝外界的诱惑，该上课的时候上课，该写作业的时候写作业，多学习少打游戏，这个品质就是学习成功的秘密。而另一项统计也从侧面证明了这件事，那就是如果想在大学入学时，预测某个学生接下来四年的考试成绩，自控能力甚至是比智商和高考成绩更好的检测指标。

细细想来确实如此。大学的时候，每次考试基本都能拿到八九十分，且经常拿学校奖学金的同学，上课时基本都能见到他们坐在前面，认真听老师讲课，积极回答老师提出的问题，勤奋地记笔记，按时完成作业，每天还总能拿出一定时间来上自习。他们能控制住自己，不像有的学生，要么迟到或翘课，要么躲在后面玩，作业能不做就不做，自习能不去就不去，考前突击，及格万岁，还总寄希望于阅卷老师的开恩与上天的眷顾。明明智商不低，却总不能严以律己地投入到学习中去，能有好成绩才怪！

不但大学生如此，在职场上也是自控能力强的人更受欢迎。他们不仅工作干得好，而且更善于控制自己的感情，更能从别人的角度思考，更不容易出现偏执和抑郁之类的心理问题。研究者普遍认为，排除智力因素，不管大家心目中的成功因素是个人成就、家庭幸福还是人际关系，最能决定成功的只有自控。而自控，需要强大的意志力。

既然我们已经知道成功普遍取决于自控力，而自控力的高低取决于意志力的盈亏，那么我们思考一个问题：如果意志力会消耗我们的能量，那是否可以通过补充能量来提高意志力，进而提高自控能力以实现成功呢？

答案是肯定的！罗伊·鲍迈斯特这位美国心理学家之所以在心理学界较有名气，是因为他做了一项著名的试验，并发现了一个规律。那就是如果给人喝一点含糖的饮料，而且必须用真正的糖，不能用甜味代替品，比如果汁，他们的意志力就会增加，于是鲍迈斯特推论道：

人的意志力能量来自血液中的葡萄糖。

这个理论后来有了很多医学上的佐证。科研人员发现低血糖症患者的意志力往往比较薄弱，他们很难集中注意力和控制自己的负面情绪，而糖尿病患者的血液中虽然有很多葡萄糖，可是他们不能合理地运用它们，所以意志力也比较薄弱。

更绝妙的是，芬兰科学家利用这个规律对马上刑满释放的犯人进行测试，测试目的是了解他们的葡萄糖耐受度。耐受度低的人往往意志力强，自控性强，不容易再次冲动性犯罪；但葡萄糖耐受度高的人，往往很难通过葡萄糖来补充意志力，其自控性就会差。那么这些家伙就会成为未来警方的重点监管对象，因为他们太容易再次冲动犯罪了。很多事实证明，这项预测准确度高达80%。

许多懂心理学的销售人员也在运用这个技巧。销售人员会给买车的人提供很多升级配置的选项，但最好的做法永远是让客户刚来的时候，先对一些花钱少的配置进行选择。一开始客户还乐意仔细分析一下每个选项到底选哪个，反正花的钱确实也蛮少的，但等客户连续做选择题做到很累，出现明显的烦躁情绪的时候，销售人员就会立刻向客户介绍价格更贵的选项。而这时候，客户的意志力早就消耗得差不多，已经没办法对抗销售人员的推荐了，于是销售人员就从客户口袋里拿到了超过客户预算很多的钱。

怎样破解销售人员的这个套路？对抗销售人员的方法其实也很简单，选累了就大胆喊停，把销售人员放在一边，喝点糖水放空一刻钟，很快意志力就又回来了，销售人员也不能把你怎么样。这些都是刻意让自己冷静下来，防止冲动的做法。

那么既然我们知道成功取决于自控力，自控力的强弱取决于意志力的盈亏，意志力是可以靠葡萄糖来补充的，那是不是就证明，只要我们拼命吃糖就能成功呢？吃糖确实能保证我们有足够的能量，但这些能量会不会被用在保持自控上，才是能不能成功的核心关键点。

当我们有了足够的意志力能量，又该如何培养自己的自控力呢？科学调查继续给出了答案，那就是三个字："常立志。"

常立志能提高自控力，之所以要"立志"，是因为立的志向大都不是我们擅长甚至不是我们完全能掌握的事情，这里面必须含有挑战的要素。比如，我们原本可以轻松做到每天跑三公里，于是打算接下来一年时间里每天跑两公里，这就不能叫"立志"；但如果给自己定的目标是每天跑五公里，这就属于"立志"了，我们终究要靠强大的意志力来挑战比之前多出来的那两公里。一旦我们完成这个挑战，就会很神奇地发现，自己身体中的意志力能量总额增加了，这样就可以将它们运用到其他需要强大意志力的自控领域，并能起到明显的效果。

我在 27 岁之前的自控力是比较差的，后来尝试培养看书的习惯，一开

094

始看了 20 分钟就坚持不住，没有耐心继续看下去了，但我不断挑战自己的极限，一年之后就轻松达到一次性看书 1 小时的程度，且没有太多疲劳感。此时我的耐性和意志力已经和 27 岁之前相比有了质的飞跃。某天因为有重要工作要完成，没有时间看书，我便把这些没消耗的意志力能量用在工作上，发现以前工作半小时就坐立不安的情况丝毫不存在了，静下来一口气能默默工作两个小时，直到把手里的工作做完，不仅没有出现以往的拖延症，甚至都没有太明显的疲劳感！我在"支线任务"长期练习获得的经验值服务到了自己的"主线任务"之中，这个也算是"养兵千日用兵一时"的观点在意志力上的具体实践了。

儒家在谈论精进时有一个观点，叫"强其所不能"，做自己喜欢的事，是本能，做应该做的事，那叫本事。所以我们平时没事就强迫自己做一些不习惯的事情，比如用非惯用手写字，比如强迫自己在接下来跟他人五分钟的对话中不能说一个"我"字，比如强迫自己不拿手机全程站着看完一集电视剧，这些都会提高自己的意志力能量总额。意志力强了，在重要事情上的自控就变得容易做到了，自己离成功也就不远了。

二、培养创造力，闲钱、闲心、闲时间

培养创造力的三个必需条件：闲钱、闲心、闲时间。三者皆无，最终结果往往是始终忙碌，却始终不曾享受生活，更不曾尝试新鲜事物。

我目前的职业是自由培训师，培训订单几乎都是临时敲定的，所以我永远没办法预测下一个月是忙是闲。闲的时候可能一个月也就一两次培训，忙的时候却有可能连续二十几天都不能回家，一直游走在全国各地，因为从前一个培训到后一个培训，几乎只给我留下并不宽松的城市之间转移的时间。

虽然这样的工作量让我感到满足，但这样的工作密度已经严重影响到了我的日常生活，最起码无法保证每天阅读 6 万字与看一部电影的任务。过去这两年，已经多次触及警戒红线了。

而当我结束培训工作回到房间，躺在床上摆着"大"字形的时候，突然意识到自己这段时间更新公众号文章的频次也大幅度下降，已经近乎是半月一更了，便想着应该在 11 点睡觉前争取写出一篇文章。然而现实却是，躺在床上不久就呼呼大睡，连洗脸刷牙的例行公事都给抹掉了！

虽然之前我已经详细为大家阐明了我是如何运用自我激励法来敦促自己更新公众号文章的，但在那一刻，不是不想更新，而是体力真的跟不上了。

第五章 深度工作：变得越来越靠谱的四种能力

毫无疑问，我的创造力下降了。这也摆明了一个事实：创造力这东西，真的要以"闲"来支撑。

白岩松在一次演讲中说（大到国家，小到社团）要想培养创造力，得同时满足三个条件：有一定的闲钱，有一定的闲心，有一定的闲时间。这一点我完全同意，回想自己过去 34 年最具有创造力的三个时期，分别是热衷于画画和捏橡皮泥的小学时期，游走在拍微电影、做主持人和玩摄影的大学时光，还有 2014 年开始做游戏解说和影评的那三年。

小学时期，因为父母在资金上全力支持我画画和捏橡皮泥（闲钱），同时我做作业飞快（闲时间），并且有在纸张和泥土上搞创作的欲望（闲心），所以在小学五年的时光里，我拿过无数与美术相关的大小奖项，甚至曾经用橡皮泥直接在巨大的泡沫板上捏出了一座完整的动物园。

大学时代，因为能靠做兼职主持人赚些零花钱，父母在我日常开销的尺度上不太设限（闲钱），自己又对做学问毫无兴趣（闲时间），且因为虚荣心作祟，特别喜欢做一些"出格"的事情来引起同学们对我的注意（闲心），所以从 2005 年开始直到研究生毕业，我都在想方设法寻求各种主持和话剧表演的机会，学着后舍男生那些当年的网红拍校园微电影，还扛着佳能 5D II 的大单反相机，到处拍各种奇葩的照片，在人人网上赚取点击量。所以那些年不但自己的表达能力明显提升，也因此诞生了许多引以为傲的作品。

2014 年年末，我在老同事的鼓励下，尝试做游戏解说《奔放的小瓜瓜》，后又开始做影评节目《羞羞的影评》，两档节目都是一周两更，加在一起相当于每个月要做 18 期节目。因为当时我收入颇丰（闲钱），那个时候除了偶尔出差之外，也有充足的宅家机会（闲时间），同时也发现自己很擅长和喜欢恶搞解说这项活动（闲心），所以我展现了惊人的创造力，留下了《奔放的小瓜瓜》1661 天内 522 期正篇 +14 期番外篇，还有《羞羞的影评》坚持 1647 天、合计更新节目 432 期的辉煌战绩。

基于我个人的创造力历史，可以明显发现，闲钱、闲时间、闲心三者同时具备的时候，恰恰是一个人创造力最佳的时刻，三者缺一不可。而在公众号创造力低下的现状面前，我必须承认，是"闲时间"极大地阻碍了我的创造力。

自从开始写公众号之后，微信里有很多好友私下跟我说："蒋佳琦啊，看你每篇点击量很少，写这个没啥用啊！""你得有商业属性才能做大，否则写一百篇都顶不上别人一篇啊！""你的文章没有受众，要紧扣热点啊！""你要加快更新啊，不然粉丝会流失啊！""你还是转行做抖音吧，看看到新的平台上能否做出影响来！"

坦率而言，收到他们给我的留言时我是开心的，证明他们是真心为我考虑，想要帮助我，不然他们只需要在背后对我的糟糕点击量嗤之以鼻就好了，犯不着专门来跟我说这些，还可能自讨没趣。然而在我看来，这其实都是实用主义在推动行动思维。实际上对我而言，写公众号这项活动只是我的一种自我梳理与定期总结，打从一开始就没指望有多少人看，也没指望能有多少点击量以赚取足够的收益。我一直坚信，创造力只有在享受创造的过程中才会达到最佳，而绝不是在商业思维与实用主义的推动下。后者不但消耗了创造者的精气神，也很难坚持本心地完成符合自己理想标准的创造。

白岩松老师在演讲的时候，还说过一段让我印象很深刻的话，大概的意思是人类历史发展到现在，有四个苹果创造了世界：一个是亚当和夏娃吃掉的苹果，一个是砸到牛顿脑袋上的苹果，一个是乔布斯的苹果，一个是中国大妈的《小苹果》。以上四个都是对社会巨大的贡献，第一个苹果让人类得以大量繁衍，第二个苹果让人类洞悉并掌握自然规律，第三个苹果让人类可以隔着屏幕畅游全世界，而第四个苹果则是消耗了无数大妈多余的精力，保障了社会的和谐与安定。

但站在现在的角度来提出一个思考题，假如牛顿的苹果落在咱们中国人头上，会怎么样？

第一个趋向就是抱怨。我们身边真的存在太多爱抱怨的人了，只要到餐厅里坐着侧耳倾听别人的谈话，基本都是抱怨：老公抱怨老婆，领导抱怨下属，员工抱怨老板……大家都觉得出了问题责任是别人的，与自己无关。

第二个趋向就是把这个苹果吃掉，物尽其用，利益最大化。大多数人总是认为，趁着年轻和有时间要努力赚钱，努力赚钱才有好日子，先辛苦再享受。可最终的结果往往却是始终在忙碌，始终不曾真正享受生活，也不愿意做一些看上去毫无意义的事情，更不肯停下来思考自己与人生。所以小到自己，大到国家，都在繁忙的日程与实用主义的影响下，逐渐丧失了创造力。

当然，我没有权力，也没有能力去影响整个国家的创造力大环境，但就我个人而论，已经因为忙碌意识到生活质量与创造力的明显下降。所以现如今，我宁愿直接拒绝那些变着花样使劲儿压低出场价的甲方，也要保留住已经不多的休假时间，让自己有足够的时间保持身心健康与思维成长。

毕竟忙碌是为了生活得更好，可忙到生活都没了，还谈什么"更好"呢？

三、提升行动力，三个立志巧方法

一到过年就立志，不出半月就荒废，新年立志症候群患者与其继续频频打脸，不妨试试我这三帖药！

100 　　"新年立志症候群"这个概念在网上没有定义，是我在无聊的时候自己琢磨出来的。首先，我个人并不鄙视在新年到来之际立志的行为，甚至还鼓励和建议大家这样做。因为人们不就是更愿意在新的时间节点向未来寄托美好的愿望嘛，在平时许愿立志，既没有纪念意义，也没有美好的情怀！

　　其次，我也不反对大家公开立志。因为我很清楚，正是这些朋友深知自控力差，知道在没人监督的情况下自己会随时放弃和放纵，才用这样的方式来寻求公开监督，而这恰恰是克服惰性的一个有效方法。我唯一对这些朋友感到担忧的，就是他们太不把自己的志向当一回事了，让别人看低他们。

　　我的一个大学学妹小贾，让我印象很深刻的是在某年元旦，她发了条朋友圈："新的一年不想这么颓废了，我要开始看书了，截至今晚24：00，大家给我点多少赞，我就在新的一年里读多少本书！"

　　我在随手给她点赞的同时，也默默为她担心着。她明显是不看书的人，倘若真的拿到几百个赞，那就真的要去看几百本书？当然，几百本倒也不是没办法实现，看漫画书就挺快的。

我不知道最终有多少人给她点赞，也不知道后来她是否实现了这一宏伟的目标，但我只知道两件事：第一，她自从接下来半个月的时间里公开说自己读了三本书之后，便再也没有发过读完第四本书的消息；第二，她在下一个新年时，又发了个类似的立志朋友圈……

"新年立志症候群"是什么原因造成的呢？很多人认为是冲动导致的，而且这种现象只有冲动型人格的人才会做。其实不然，从心理学角度出发，答案一句话就能说明：对于很多人来讲，说了就等于做了。

当我们为自己的碌碌无为感到内疚时，自然就会下决心改变。每当下了决心或者做了计划之后，自我感觉就好了很多，当然，只是感觉好而已，因为大脑分不清什么是计划和决心，什么是真正的行动。所以有时候我们下了决心，做了计划，大脑就误以为我们已经做过了，那还行动个什么劲儿啊？

所以我们看到很多人买了很多书却不读，买了很多微课却不听，办了健身卡却不用，就是这种心态造成的。人类这种生物非常善于自我欺骗，在一个人幻想读完这些书、听完这些课、做完这些运动的时候，书、课、卡已经完成了它们的功效，它们都是完成幻想的素材，人们会买它们，本来就是为了减轻没用它们带来的负罪感。

很多行业也恰恰是利用人们这种心态来达到销售目的的，典型的例子就是健身房。我曾经给几家健身机构做过企业内训，也借机获取到了一些行业信息：交了年费之后坚持了不到两个月的会员，竟然占整体会员总量的 95% 以上！而那些坚持了两个月的会员，也往往做不到每天都去！按照北京健身机构年费 4800 元来算，假如一个人一年总共去了 6 次，那么每次相当于花了 800 块钱，多数人会当即决定再也不会花这种冤枉钱了！所以健身房的年费会员很少会在第二年续费，但是销售人员完全不会担心这样的问题，因为同样情况的客人会源源不断。

剩下的 5% 的会员呢？他们虽然每个月去一两次，但这样的会员很少在健身这件事情上获益，因为去的次数实在太少。虽然他们通常还会在第二年续费，但第三年续费的人数几乎为零。所以长年坚持健身的人数，不会超过会员总量的 2%！而健身机构的主要客户，其实就是 98% 的办了卡却不会去的人群，这其中利用的不但是冲动性消费的心态，同时还运用了人性自我欺骗的机制：办了卡，就等于健了身！

有人会说，立下志向一段时间后，如果没有达到，自己肯定会焦虑和内疚，这种感受肯定会推动我们往前迈步的吧？

这话听上去似乎很有道理，因为每次我们面临改变时，都会自动分裂成两个自我：一个是充满了激情与正能量的自我，一个是自甘堕落不求进步的自我。前者总是责备后者，而后者经常感到无地自容，觉得自己一无是处，于是它就跟着前者一起努力。也正因为这样，很多人会用自责的方式来敦促自己上进，比如自己原打算玩五分钟手机就看书，结果一不小心又刷了三个小时抖音，于是骂自己几句，试图通过这种方式敦促自己第二天一定不能再这样。

但这样是否有效？相信不用心理学的证明，大家心里也有数。

自责是没用的，一个人越是自责，越容易放纵自己。就好像新闻媒体一直强调孩子沉迷游戏不好，然后罗列出许多孩子因为沉迷游戏而成为问题学生的例子。家长看到是开心了，可喜欢玩游戏的孩子呢？他们看到这些例子会有什么想法？本来玩游戏就是用来解压的，结果现在不让玩游戏了，那就更有压力，怎么减轻压力？还是玩一盘游戏吧！

归根结底，要找到正确的方法来让我们从立志改变这一天开始就实打实地行动起来。只要自己频繁地拿到想要的结果，就不会有焦虑感和内疚感了。

具体怎么办呢？我基于个人的经验，为大家提供如下三个方法：

第一，列出具体计划。

想起了大学时期，我获得山东省主持人比赛第一名，并且在大三就成了山东电视台的节目主持人。当时我很得意，不论是当着朋友的面还是在人人网上，总是吹嘘着自己的梦想，希望某一天成为全国知名的娱乐主持人。可这梦想至今都没有实现，甚至被完全放弃了，最主要的原因就是，我当时只会空喊口号，却从来没有想过这个目标到底应该怎样实现，连明确的计划都没有，自然就不会有什么努力了。

所以在新的一年立下志愿时，请一定要想清楚具体应该怎么做。比如立志"新的一年里要减少玩游戏的时间"，那么就要搞清楚自己当前平均一周玩几次，每次玩多久，每周玩的总时间是多少。而如果要用一年的时间加以改变，我们最终想达到的目标是平均每周玩多长时间？达到这个目标的方式是减少每周玩的次数，还是减少每次玩的时间？是从一开始就尝试减少到目标值，还是阶梯式慢慢下降？如果某次超时了或者超次数了怎么办？这些问题统统都要想清楚，并且落在书面上。

这些问题看上去确实很麻烦，以至于很多人懒得想，那就别给自己立志了，否则真的会打脸。如果真心想改变，这点难度都克服不了，又怎么克服接下来一年的惰性呢？

第二，设"对赌"协议。

成长是需要付出代价的，然而什么代价都不想付出就想拿到结果，这种空手套白狼的做法，在远古时代也许还行，但现在都已经21世纪了，就别做那种春秋大梦了，自己白占的便宜，早晚都是要还回去的。我曾经就对几个高喊着"开始读书了，给多少赞看多少本"的朋友说，既然咱有胆子公开喊话要赞，那敢不敢赌一把，做不到就发上几千块钱的红包呢？他们立刻就蔫儿了。这就证明，大部分人只是把这种喊话当成作秀，对自己说出来的话压根就没有信心，因为假如这是一场必胜的战役，他们又怎么会怕输钱呢？

因此，要么找个信得过的朋友，直接给他一笔钱，如果立下的志向做不到就不用还了；要么就在公开喊口号的时候，承诺一旦做不到就撒红包，让大家截图立证据。这年头最经不起折腾的就是信誉，不信的话，那么《狼来了》的故事听过没？

第三，从简单开始。

有朋友曾想跟我一样培养看电影的习惯，他也没希望能一天看一部，只要一周看一部，一年也能看五十部了。于是希望我给他推荐几部大片，还提出了明确的要求："要充满着人性的光辉，要深奥，要小众，最好是第一遍看不懂，必须反复看才能琢磨出味道的那种。"

平时不看电影的人，给他这样高难度的片子是根本啃不动的，信心本来就是从容易做到的事情开始建立的。如果一上来就铆着一股劲儿，奔着小众文艺片去，然后一口气看个十几部，那未来的积极性估计也就没了！因为绝大多数文艺片本来就很枯燥，节奏还很慢。所以我给他的建议是，应该从简单的高分喜剧电影或者高分商业大片开始看起，这些大都节奏明快，而且好玩有趣，很容易就能看完，等看完了就可以自我标榜："新年第一步踏出去了！"甭管别人怎么想，反正这信心是妥妥建立起来了。

罗马不是一天建成的。一年有 365 天，足够我们慢慢养成一个习惯或者消除某种陋习。然而正因为这是一场马拉松长跑，所以除了耐心之外，一开始的信心也很重要。冲刺太猛只会让自己顷刻间陷入疲劳，并失去前进的兴趣。

四、训练专注力，试试番茄钟法

真正的高效人士，不但拥有每次只做一件事的习惯，还会有意识地训练高度的专注力，在做一件事的时候，心里就只有这件事，并且仿佛这世上也只剩这件事！

一位朋友问我这样一个问题："我一直在努力培养看书和看电影的习惯，但始终注意力不集中，看书 15 分钟就跑神了，很多电影也都是只看了半小时就会有烦躁的情绪，该怎么解决这个问题呢？"

对于专注力不集中的原因，有的书里给出的答案是因为我们太浮躁了。

然而是这样吗？

在我个人看来，这番解释有一定道理，毕竟凡事向内求，少找外因，可外因也得找啊！实际上我们必须要考虑一个很关键的外因，那就是手头上的事情，它本身就很无聊！

想想看，假如我们所做的那件事情足够有趣，足够吸引人，比如小孩子正在拆装自己期盼了好久的玩具，比如热恋中的年轻男女手拉手逛街，比如越野爱好者奔驰在苍茫的天涯，比如球迷观看四年一度的世界杯决赛，比如游戏爱好者遇到了具有挑战性的 boss，比如象棋爱好者在街上偶遇了一盘杀得难解难分的棋局，这种情况下我们会分神吗？

反本能思维：如何摆脱天性中的迷茫与脆弱

只要事情本身有趣，任何人都可以拥有很强的专注力！

但如果所做的事情本身没有任何乐趣可言，分神是必然的事情。美国的一项科学研究表明，一个成人如果精神高度集中地完成一项枯燥的任务，比如在键盘上敲字，比如穿针引线，比如擦地板等，并且要求在此期间不出错，平均只能坚持20分钟，一旦超过20分钟，基本就是犯错的开始。事实表明，智力越高的人，集中注意力的能力越强，犯错的可能性越低，但这个过程也不会超过半小时。

如今，人们越来越难以集中注意力了。今天绝大部分人的生活都离不开手机，而有调查称，大家平均每六分半钟就要低头看一下手机，以至于无法集中精力深入思考。六分半钟，这个时间短得实在有点惊人，但现实情况可能比这还严重，因为这还是2013年的数据。在过去这10年间，我们对手机的依赖有增无减，想在手机之外的事情上实现精神高度集中，真的是越来越难办到了。

那么问题来了，当身边充斥着太多无趣但又必须要做的事情时，我们应该怎么办呢？那要取决于这件事情的大小。

如果这件事情本身是一个大工程，短时间内搞不定，甚至中间还分多道工序、若干工种，那么我们可以参考"航空母舰法则"，运用大任务的系统拆分法来专门攻克此类问题。如果手边是多个小任务，或者是一个没有限定时间但却要多花时间去做的任务，比如看书、做家务、做手工、补看电影等，以我的个人经验，建议用"番茄钟法"，也就是以最少15分钟为单位、最多半小时为单位来安排手上的任务，多个任务互相穿插，每次只集中在一件事情上。

举个实际的例子。我起床安排这一天要做的事情，这其中包括出门买菜、做饭、玩游戏、玩拼图、读书、听书、吃饭、看电影、写公众号文章、做家务。这些事情中至少有两对经过长期的实践证明是可以组合的，比如

第五章 深度工作：变得越来越靠谱的四种能力

在吃饭时可以同时看电影，在玩拼图时可以同时听书。对于自己身体内部的懒汉属性而言，最困难的其实是看书、写公众号文章、做家务这三件事情。于是我便把它们拆分开来，尽量不让它们前后排布，并且所有的事情基本以 15 ～ 45 分钟的时间段来进行划分。

如果用时间记录的软件配合做计划，效果会更好。

但做详细的计划，这不是最重要的，最重要的是一定要告诉自己，每个时间段只专心做一件事情。B 站有个 UP 主叫手工耿，经常做一些稀奇古怪的发明创造，而最为人所熟知的就是"破釜沉舟跑步机"。为了逼自己一把，他把跑步机设在一个小型监狱里，跑不到规定的距离便无法开门走出来。我们不得不说它确实有效，因为当一个人无法逃离这所监狱的时候，他只能破釜沉舟地专心跑起来。

我们有时候精力不集中，往往就是因为自己可以轻松逃离当下的局面，转向自己更感兴趣和更放松的环境。虽然我们无法在物理上给自己设定个监狱，但在时间上却可以。

比如我现在问大家，专心读一小时的书才能去玩，可以办到吗？估计很多人会连连摇头。但如果我问，专心读 15 分钟的书才能干别的，可以办到吗？估计绝大多数朋友都可以爽快地点头说可以！

以 15 分钟到半小时为节点来安排自己的日常事务，不但是基于科学研究对人类高度集中注意力仅有 20 分钟的统计结果，同时也是基于每次只做一件事的原则。这期间如果丢开手机，全身心投入到当前手头的事务上，我们会发现效率是明显提升的。即便很讨厌它，一整天下来，我们也会发现自己真的完成了好多事情，工作和娱乐也兼顾到位，成就感自不必多言。

职场上真正的高效人士，都会把一天中要做的所有事情，按照轻重缓急的顺序安排妥当，然后集中精力各个击破。一个人要想在工作中轻松高效地处理繁杂事务，不仅要养成每次只做一件事的习惯，还要有意识地训练高度的专注力，那就是在做一件事的时候，心里就只有这件事，并且仿佛世界上也只剩这件事！

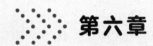

第六章

效率人生：

告别低效和拖延的自救锦囊

一、四宫格法，理智决断人生重大选择

决定自己来做，责任自己承担，如果总是纠结，试试四宫格法！

有个大学同学找我帮忙，说他自从本科毕业后，就进入了一家全国知名的房地产企业工作，如今月收入几万。按道理来讲，人生已然富足，然而他现在越做越不开心，他发现自己当初只是为了钱才投入到房地产行业，其实内心压根不喜欢，还是想做自己热衷的行业。于是他找到我，问到底是继续这样过日子，还是顶住压力，立刻转到自己喜欢的教育行业？

我还遇到过一些其他的咨询，有的面临择校问题，有的面临情感抉择问题，等等。其实不论他们具体的问题如何，基本都属于同一个问题：

选项 A，选项 B，到底该选哪个？

我们真正踏入社会的时候，会发现人生的选择题不但比学校考试试卷上的更虚幻，而且还没有标准答案。

那么该怎么来帮助自己做决定，以期最好的结果呢？给大家提供一个心理咨询师常用的方法——四宫格法。

具体的做法是找到一张足够大的纸（至少是 A4 纸大小），然后横竖各画一条线将这张纸平均分成四个区域，然后以选项 A 的好处、选项 A 的坏处、选项 B 的好处、选项 B 的坏处来定义四个区域，并在每一个区域内填上足够多且具体的条目。

以我的同学为例，他面临的选项 A 是保持现状，选项 B 是转行，接下来在每个区域内详细地罗列出来足够多的条目。我们以"保持现状的好处"为例，如果他填写的是诸如"能赚到钱""稳定""方便""有周末"这样的简单词，将是对自己极大的不负责任，因为这样的内容完全不够具体，将大大减少他对该条目的感受，进而无法对他的最终抉择产生助力。所以最有效的填写方式应该是：

"能赚到很多钱，不用为经济问题烦恼。"

"工作比较稳定，没有失业风险，大家都不用提心吊胆。"

"家人就在身边，互相照顾起来很方便。"

"有周末，即便平时工作很累，也有时间休息。"

每个条目正确的填写格式应该包括两个方面：客观事实，还有它为自己（尤其是心理上）带来的长远效果。既然我们要做选择，那么所有的客观事实都要汇总到某个最终落脚点。

另外要注意的是，咨询者按照以上要求填写后，如果在很短的时间内就把结果交来，我一般都会直接打回让他继续填写，因为在时间很短的情况下，我几乎敢肯定他们没有进行足够多的思考！正如前面所提到的，客观因素想得越少，做决定就会越困难，就越是对自己的不负责任。所以我通常建议他们在每个区域里至少写 10 条，四个区域加在一起怎么也要40 条。

有朋友可能很惊讶，哪能写这么多？但现实生活就是这样的，哪怕我们做一个小小的今晚吃什么的决定，都会在工作、感情、生活、个人状态等诸多方面发生蝴蝶效应，更何况我们正在抉择一件可能关于未来人生的大事。所以考虑得越全面，越有利于做出最对得起自己的决定。

接下来说明一下这里面的原理是什么，虽然会有些烧脑，但如果我们

111

反本能思维：如何摆脱天性中的迷茫与脆弱

想正确运用四宫格法去对抗纠结，就必须知道为什么要这样做。

容易纠结的人几乎都是感性人群，因为他们往往沉浸在纠结的焦虑情绪中，却不肯坐下来冷静地思考所有选项的利与弊，且因为"今朝有酒今朝醉"的心态，又导致平日里完全没有前瞻意识，也不愿意承担选择的后果。所以要让他们对未来的人生做出重大的决定简直比登天还难。

我们的恐慌和犹豫来自未来的不确定性。玩过大型角色扮演游戏的朋友应该很清楚，我们在游戏进程中做选择，付出的代价往往比较小，因为游戏有存档，我们只需要在做决定之前存个档，如果结果不好，大不了重新读档，回到当初再做一个全新的决定就好了，我们永远要为当下的选择承担后果，因为只要犯错没命了，游戏就要从头开始，之前所有的努力也就全部白费了。这依旧比人生的现实要好，因为我们可以带着失败的经验从头再来一遍，直至成功。人生的选择只要选错了，就再也没有让我们重新回到当初做选择的时候的那个机会了。

哆啦A梦的时光机、科幻电影里的时空穿梭机以及当前的穿越大戏为什么都那么招人喜欢，就是这个道理。我们可以假想一下，假如自己有穿越时间的能力，能看到今天做了两种决定后的未来图景，然后再利用类似游戏中存档、读档的设置回到现在，我们还会焦虑吗？当然不会，我们会很容易做出决定。但现实很残酷，自己没办法预知未来，于是便焦虑了。

许多性格色彩课堂上的新学员，认为蓝色性格的人是最纠结的人，然而这是他们对蓝色性格人群最大的误解。蓝色性格人群其实是所有性格类型的人群中最理性的，同时也是天生的悲观主义者。蓝色性格的人天然能考虑到当下的决定可能给未来带来的危险，但正因为考虑得很多，思考这些因素的过程就比较漫长，所以他们做决定会比较慢，便会给旁人造成一种感觉："他怎么这么纠结！"然而蓝色性格的人压根不纠结，他们精明得很，很清楚这世界上绝对没有足够完美的方案，所以总是在努力寻找风

第六章　效率人生：告别低效和拖延的自救锦囊

险最小的最佳方案。

因此，解决纠结最好的办法不是求助于别人，而是学习蓝色性格的做法。基于现在的情况，努力判断这两种选择在未来的各种可能，然后综合起来理性分析，可能在做完之后，很快就能做出决定了。

这样做有一个附带的好处，就是事后如果有人问起自己为何做出这番决定，可以有理有据地说服对方。

当我们运用四宫格法成功为自己理清思路并做出理智的决定，在别人问起原因的时候，一旦做到有条有理、从容不迫，对方就会被我们坚定的态度震慑到，自然也就不太可能再对我们的选择持怀疑乃至否决态度。

我已经运用四宫格法帮助很多朋友做出了人生的选择。绝大多数人事后给的反馈是，在他们绞尽脑汁把近乎所有方面都考虑到位，并罗列在纸上的过程中，内心的答案就已经越来越明确了。即便事后依旧会出现抉择上的游移，但当他们再次回看这张图的时候，这种游移的程度也会大大减少。

当然更有效帮助我们做出抉择的方式，是为上述的四宫格法再附加上"加权法"。因为我们罗列出的几十条利弊并非等量级的，比如对于一个极度在乎家庭的男性来说，辞掉当下的工作给家人带来的负面影响要远远大于给自己在兴趣爱好上带来的负面影响。

所以我们可以在罗列出足够多数量的条目之后，为它们进行加权备注，对自己而言影响最大的条目就打上 5 颗星，存在影响但影响根本不大的条目就打上 1 颗星，剩余条目的权重便在 1 颗星与 5 颗星之间，然后在四个区域内统计总星数，这样更容易帮助自己做出正确的选择。

但要注意，四宫格法虽然可以帮助我们打开理性思维，助力解决纠结的问题，但是在以下两种情况下是不宜采用的：

1. 小事。有一个人去济州岛旅游，为家人选购当地的土特产——柚子茶，他在机场看到了各种品牌的柚子茶，纠结到底该买哪一种，结果想到了四宫格法，然后掏出纸来画线、填空甚至加权，这就是小题大做了。四宫格法只针对会对我们人生产生重大影响的大事的抉择。

2. 不该理性处理问题的情境。曾经有一位母亲在自家孩子考试考砸、孩子委屈得想要退学的时候，拿出了"四宫格法"这一理性法器，要求孩子坐下来进行填空，详细分析继续上学与退学的利弊，并期待孩子在完成这个流程之后，能清楚地了解到自己冲动退学的愚蠢，奈何孩子根本不买账，其实这就是南辕北辙了。孩子当下处在情绪化之中，需要的不是来自父母理性的分析，而是父母的关心、安慰、认可与陪伴，一句"我能理解你有多难受"的力量，要远远胜过逻辑严谨的道理灌输。毕竟对于感性的、容易情绪化的人群而言，负面情绪一旦有机会排解掉，他自然就能意识到之前的冲动想法是多么不可行了。

因此有重大人生选择需要决断的朋友，不妨试一下这个方法来帮自己找回脑子。虽然过程会很痛苦，且需要花费很多时间，但既然是影响一生的抉择，谁也不希望在完全没有时间思考的情况下，就轻易地圈个答案，然后交卷吧？

二、即时反馈，期待好处转化为经验好处

把脑袋里的期待好处转化为现实中的经验好处，将未来的经济效益平摊到现在，自我激励即可实现！

许多朋友私底下会问我一个问题："在微博和朋友圈了解到你看了好多电影，又读了好多书，读完书还会做笔记，又会下厨房做很多菜，还坚持运动，还有时间打游戏玩拼图，还隔三岔五跟朋友聚会，还运营自己的公众号写一些文章，你是怎么兼顾的？"

我的回答一向精准又伤人："只要找份跟我一样的工作就好了。"

这个道理很简单，为什么退休的人往往会变得自律呢？因为他们有足够多的时间来打发，所以为了避免空虚，会主动安排许多活动来填充，比如打太极、遛狗、做饭、接送孙子孙女上下学、种草养花……这些在他们正常工作状态下完全没时间进行的活动，统统都在退休之后被搬了出来，就是因为他们实在太闲了，如果不多搞点活动娱乐身心，那就真的像是在活活等死了。

像我这样名气虽然不大，又没有绑定在任何机构的独立讲师，在每个月讲完几天课后，剩下的时间全部都可以自己安排，实际上就相当于提前进入了半退休状态。我自然会主动给自己安排许多活动，并且有足够的时

115

间合理分配给它们。

这听上去像是炫耀，可目前这样的生活模式也是自己努力奋斗了十几年才换来的。我相信的事情是，如果未来个人发展好一些，又背负起养家糊口的重任，自己也很可能会陷入时间紧促的境地，到时候即便再想过这样的日子也怕是不行了。所以目前的生活对于我来说，很像是步入社会前的最后一个暑假，怡然自得，也倍感珍惜。

另外一个问题便接着浮现了出来："我下班后也有时间，也觉得可以做很多有意义的事，但就是懒得动，又该怎么办呢？"

答案也很简单：认为有意义但不行动的，都是期待好处，不是经验好处。

什么是期待好处？比如大家都能想到，早起跑步会让人更有精神；不拖延，做事会更高效更有成就感；坚持健康的饮食，不吃垃圾食品，会让身体变得更好；坚持看书会让自己变得有思想；坚持每天录个小演讲，会让未来的自己在表达上更加自信……但我们做了吗？没做，因为这些都是我们想象中的理论上的好处，只是嘴上说说，却是从来没有亲身体会过的，这个就叫期待好处。

而经验好处却是完全相反的，它是我们在实践中付出过时间并且实打实尝到过甜头的。比如我们都扎扎实实地体验过被窝的温暖和舒适，都感受过下棋时的刺激与快乐，都能回忆起胡吃海塞的满足感……而且这些刺激还不止一次，是长期地、重复地、频繁地出现在我们生活中的。

我们会发现周围许多人喜欢投身到游戏之中，而且有时会在一款网游中投入几十甚至上百个小时，原因就是当初游戏设计者在开发游戏时，为了让玩家更持久地投入到游戏中，大量采用了"即时反馈"的机制。它会给玩家设定大大小小的任务，只要玩家通过努力达到任务目标，游戏便会一瞬间把奖励的物品、装备、金钱丢到玩家的背包里，这种精神上的快感会促使玩家继续做下一个任务。

第六章　效率人生：告别低效和拖延的自救锦囊

但是现实世界就不一样了，它总在给我们灌输期待好处，却完全没有所谓的"即时反馈"让我们快速体验到经验好处。虽然我们日常工作中也有大大小小的任务，也能拿到相应的报酬，但绝大多数人的报酬是每月一次。

既然我们知道了期待好处没有驱动力，经验好处有驱动力，如果我们想让自己行动起来，就要转换思维，把脑袋里的期待好处转化为经验好处。

怎么转化呢？李笑来老师曾经在他的作品《把时间当作朋友》里提到了一个很著名的案例：一个男生背英语单词觉得很枯燥，一共要背 20000 个单词才有希望通过考试去美国某公司工作。为了激发自己背单词的动力，他算了一笔账：如果掌握了这 20000 个单词，就能拿到 4 万美元的奖金，并且连续 4 年没有失业的可能。当时的汇率是 8∶1，也就相当于 32 万元人民币，如果税后收入是这些，税前收入大概是 40 万元人民币。这么算下来，每个单词基本相当于 20 元人民币！而这还仅仅是算了一年的收入，倘若按 4 年来算，一个单词就是 80 块钱！

他太兴奋了，每天背 50 个单词就可以骄傲地对自己说，今天又赚了 1000 块钱！

这就是非常典型的期待好处转化为经验好处的案例，因为"掌握了这些单词就会有好的工作和收入"，是理论和想象中的期待好处，自己从未体验过。但"背一个单词就能赚 20 块钱"，这可是经验好处，有谁会跟钱过不去呢？

实际上我也在采用这样的方式来激励自己的行动，比如写公众号文章这件事情。你说我真愿意写吗？从长远角度看当然非常愿意，但时常会不愿意，毕竟费脑子费手指，费时长见效慢。

但我很清楚地知道，自己之所以写公众号文章，是通过写公众号文章这件事情来督促自己把过往的经验和教训梳理总结出来，落在"字面"上，最后结集成书，便于自己的培训事业。

"有利于自己的培训事业"，这就是典型的期待好处，这也是自己想象的、理论上会有的、别人告诉我这么做也是能达到这个效果的，但我从未出过书，做培训也是近几年的事情，所以也从未体会过这种好处。靠这种好处来刺激自己写公众号文章，短期还可以，长期必然收效甚微。

于是，我也采用了换算价格的方法：以后如果出了本书，假如卖10万册，大概能赚几十万元，一本书按20万字来算，那么每写一万字就是几万块钱。我目前的公众号文章每篇大都维持在5000字以上，那么相当于写两篇文章就能赚到几万元！

所以，如果我们知道某件事情对未来有意义，但就是懒得动，可以采用这种方法，将未来的经济效益平摊到现在进行自我激励：读了本书赚了多少钱，运动完节省了多少医药费，写完了论文挣了多少工资，听了这节微课避免了多少损失……一切行动都换成钱，听上去很庸俗，但如果我们未来的目标是正向的，那么这种做法肯定能给自己带来强烈的行动力。

三、航空母舰法则，系统拆分解决大任务

与其被问题的庞大吓倒，不如庖丁解牛般地把它系统拆分，化整为零逐一击破，哪怕航空母舰也能建成！

不论大家是男是女、是老是少，有钱还是没钱，都会在工作、学习和生活中遇到各种各样的困难。小困难几乎不会让人焦虑，除非它们扎堆而来，如果一个超大的困难或问题摆在我们面前，就是一项足以让人在一瞬间焦头烂额的挑战了。

此时基本会有两种选择或倾向：逃避或接受挑战。

从人性角度而言，绝大多数人会选择前者，因为人在天性上是逃避压力、不愿意出问题的，所以当一项足够困难的挑战摆在我们面前时，逃避它虽然不会给自己带来好处，但最起码不会造成损伤。可如果选择接受挑战呢？我们不但需要做好长期抗压的准备，同时还必须意识到挑战失败，甚至因此而赔本的巨大风险可能。

如果当下的我们正在面临重大且不得不解决的问题，又该怎么办呢？我推荐大家了解一下著名的"航空母舰法则"。

如果问大家一个问题：你觉得造出一艘航空母舰是难还是不难？相信绝大多数朋友都会说很难。那假如让你一辈子只做一件事情，就是造航空

母舰，觉得难不难呢？这时候有相关专业基础的人觉得可能还有点希望，但对于大部分人来说还是太难了。

我们先不考虑这个项目的困难，先来分析一下航空母舰的成分。

一艘航空母舰由什么组成呢？它包含航海系统、航空系统、空勤系统、机库系统、支持系统等。我们单独把航海系统摘出来继续拆分，一个标准的航海系统又由什么组成呢？它包含推进系统、导航系统、通信系统、运输系统等。然后继续把其中的推进系统再进行拆分，它包括发动机、核反应堆、发电机涡轮组、螺旋桨等，而其中的发动机是由涡轮、压气机、喷管、风扇等组成的。

风扇里面有什么？没有，就是一个大金属片，只不过对金属材质有一定的要求。

120   拆分到这个程度，如果现在的问题改为："让你用一辈子，来造一个符合航空母舰要求的金属大风扇，难不难？"估计这个时候我们都会认为这不难办到，甚至完成这个任务都不需要一辈子，因为只要有专业人士告诉我们这种材质的要求、尺寸和工艺，我们很快就能造出来。

如果说造航空母舰本身是这么难的事儿，一下子让人去完成这个项目，我们会直接被其困难程度吓蒙，继而直接选择放弃。但当我们分解到具体的每一个小项目的时候，就会发现其实每一个小项目都不难，如果我们能把每一个分解的小项目都做好了，自然就能组成一艘航空母舰！

在领导力的课程中，我经常会讲到"挑战现状"四个字。对于企业的经营者和管理者而言，要想让企业更好地发展，就必须面对并解决一个又一个问题，要勇于挑战各种困难。当然个别朋友也可以选择不接受挑战，回避这些困难，"闭关锁国"，安于现状。但在这个瞬息万变的市场经济下，这样的鸵鸟做法通常只有死路一条。对于我们不从事管理工作的人来讲，也要时常直面问题和解决问题，"挑战现状"也是必须要做的。

第六章　效率人生：告别低效和拖延的自救锦囊

要想在"挑战现状"中取得成功，一共要做三件事情。

第一是勇气。为什么我们一直强调"万事开头难"？并不是说开始的第一步是最难的，而是我们是否有足够的勇气迈出第一步。因此我们要从一开始就树立挑战的心，并坚信自己可以改变现状、战胜困难。如果连这个心都没有，即便掌握了方法和资源，也是完不成这项挑战的。

第二是从 0 到 1。任何一个看似庞大的工程，都是从第一件小事开始做起的，而完成从 0 到 1 的进展，也能极大地增加我们接受挑战的勇气，两者其实是相辅相成的关系。

第三是游学取经。世界上 70% 以上的发明创造，并不完全是发明者凭借自己的脑洞想出来的，很多都是建立在别人的想法或发明创造的基础上，采取因地制宜的做法，并最终完成创新改良的。而这个世界上我们所面临的困难，不论多大，基本都会在人类历史的漫漫长河中寻找到同类，也几乎都可以在网络时代找到相关的经验与答案。因此解决困难最好的方法，往往就是向别人取经。

回到"造航空母舰"这个问题上，我们如何去完成这项挑战呢？首先就是要相信自己一定可以在正确方法的指导下完成这项挑战。其次便是将这个庞大的系统做拆分，并试图完成其中最小的一个组成部分。最后就是向相关经验者寻求帮助，以期获得解题思维上的快速提升。

而这种将庞大问题拆解了再去做的方法，就是著名的"航空母舰法则"。

我第一次接触这个法则是在上大学的时候，并且直接运用在了大学时期的一项重大挑战中：做 2009 届母校毕业话剧的总导演和主演。

当时我已经大四，作为一名在学校剧社表演了三年多的老戏迷，作为一名半吊子的副手导演，我总想在本科毕业之前独挑大梁，完成一个校级大话剧。而因为我性格中高度乐观的成分，总认为自己没有问题。

可是当这个项目真正交到我手上、确定我要做 2009 年毕业大戏《像鸡毛一样飞》总导演的时候，我并没有因为拿到这个身份而感到喜悦。相反，我立刻意识到自己陷入了一个巨大的麻烦：这么大的项目，我完全不知道该怎么入手，当晚就毛了。

第二天一早，我睡眼惺忪但精神百倍地决定采用"航空母舰法则"，立刻"游学取经"，接连问了几位剧社里做过导演的学姐和好友，并对这出大戏进行系统拆分。一部话剧的完成，涉及剧本、演员选拔、场景布置、服装设计与租赁、台词磨合、表演与走位、灯光、音乐、统筹、后勤保障，而这一切统统都需要导演来指挥调度。

每个部门或环节的工作如果单独来看，会很容易办到，即便是剧本这个看上去很复杂的工作，如果继续做拆解，无非就是看原电影、誊抄台词、改成话剧剧本这几件事。可倘若所有部门和环节的工作一股脑塞到脑袋里，那肯定就乱套了。但当时仅仅是三月初，距离五月末的公演还有将近三个月的时间，所以我首先对这些部门进行了时间段分类：

最着急、最优先做的是剧本、演员选拔，前两项都做完了，才正式开始台词磨合、表演与走位的阶段。等上两个阶段基本成熟了，就可以统筹规划，间歇配合场景、灯光、音乐进行表演。等距离公演最后一周的时候，后勤保障、服装才有必要正式介入。

因此当我发现自己只需要在一周的时间里，完成剧本和演员选拔两件事的时候，忽然意识到，原来这个项目看上去并没有那么困难！于是我再次回到了最初高度乐观与积极的状态，给自己制订了白天打磨剧本、晚上面试演员的计划，然后按照计划让每个部门依次介入，最终在 2009 年 5 月 22 日顺利公演了毕业话剧《像鸡毛一样飞》。

所以现在来想一想，我们想成交客户、想让客户买单这件事难吗？平时会觉得难，但会比造航空母舰还难吗？比如我们和父母吵架，和爱人闹别扭，孩子不听话，请问这些事情会比造航空母舰更难吗？如果觉得这些事情太难，其实就是因为我们没有掌握"航空母舰法则"，不懂得将庞大的问题进行系统拆分。

如何进行拆分？就是从时间、空间、自己、对方、自己上下级、对方上下级等不同角度去分析造成自己解决不了的原因是哪些，然后再细化每个问题背后深层次的原因又是什么。

如果我们想变成一个很厉害的人，但又觉得很困难，就要去分析自己做不到的根本原因是什么，去问问其他人过往有没有过同样的问题，去观察那些厉害的人平时都是怎么做的，他们是怎么克服这些问题的，然后逐一分析，就能拿出应对的策略了。

四、三个亲测有效经验，助你打败拖延症

历时 513 天，写出 100 篇文章，码下 459600 字！战胜拖延症的我，有大把经验要分享给有拖延症的你！

2021 年 10 月 24 日，是个值得纪念的日子。

因为自打 2020 年 5 月我在某次聚餐中被老同学说动，开始在同月的 29 日正式更新公众号文章，到 2021 年 10 月 24 这一天，已经过去 513 天，我终于完成了自己的第 100 篇文章，合计写出了 459600 字！也就是说，我以平均五天一篇文章、每天接近 900 字的书写速度，取得了这个结果。

回想那 100 篇文章的完成过程，我确实佩服自己，最核心的原因是我在这个过程中克服了拖延症。在日常工作与生活之余，就这样挤出了超过 500 小时的时间，抵住了诱惑，做了更有意义的一件事，又或者说，我与自己天生的惰性展开了长达 500 多天的鏖战，最终胜利了。

相信这个世界上有许多与我同样患有拖延症的朋友，电子书榜单上"人气读物"《拖延心理学》排名十分靠前，收藏与评论人数众多，足以证明拖延症人群之庞大。Kindle 电子书有个功能，如果我们看到书中某段极为精彩，可以将该段进行标注，同时该标注会同步到网络，全世界的读者都可以看到。我发现，《拖延心理学》这本书前 20% 的内容中充斥着大量的

第六章　效率人生：告别低效和拖延的自救锦囊

标注段落，每段的标注人数近乎万计，可20%的内容之后，被标注的段落数与每段的标注人数大幅度下降，等读到一半之后，甚至是一片荒漠，已经没有什么标注的段落了。

这意味着一群患有拖延症的家伙，希望靠一本关于拖延症的书来解决自己的拖延症，但他们因为自身的拖延症，连这本书都拖延得只读了个开头，便放弃了。

我以自己更新了100篇公众号文章这件事来分享我是如何打败拖延症的，并且从中总结出一些原则与方法，帮助大家运用在自己正在或即将面对的问题上。但在此之前，我们首先必须搞清楚自己为什么会拖延。不查明原因，是没办法对症下药的。

拖延症的原因不能简单用一两句话来概括，每个人拖延的原因不同。我在这里举几个最常见的例子。

有的人之所以拖延，是因为害怕失败。譬如一个孩子总是拖延不做作业，是因为他对自己做作业的能力不自信，一旦遇到一个解不出来的题目，就会陷入自我否定："连这样的题目都做不出来！"过往他已经遭遇无数次这样的困境了，所以为了避免自己再次陷入这种自我否定中，他会倾向于逃避做作业，而逃避的最好方式就是拖延，能拖多久就拖多久。

有的人之所以拖延，是不想被控制而以此来对抗。譬如一个职员在给自己朋友帮忙的时候，可以保质保量保速地完成朋友交代的事情，但对于领导安排的任务，尤其是一个自己很讨厌的领导安排的任务，他就会选择拖延。孩子有拖延症有时也是这种心态在作祟，他们本不喜欢父母安排的事情，但父母却要求他们做，所以只要拖着不做，就是对权力的反抗。

有的人之所以拖延，是觉得总会有人在最后来帮他。譬如一个学生即将在半个月后参加一场重要演出，但脏了的演出服却拖着不洗，他知道只要等到演出前一天，他的妈妈一定会发现演出服还没洗，然后快速出手帮他搞定，因为过往发生过无数次同类的情况。虽然这是他们母子之间的一种特殊的联系和交流的方式，但是这同时也强化了该学生的懒惰。

当然，还有其他更多的理由，在我们解决自己的拖延问题之前，必须要做深刻的自我洞见，自己到底是希望通过拖延这个动作达到什么目的，或者回避什么问题，才能正确处理拖延症的问题。

我也会拖延，我从中洞见到的原因有三点：（1）没有即时反馈；（2）回避挑战；（3）逃避无趣。

正所谓"江山易改，本性难移"，这三个问题，我到目前为止都没有根治。然而在经过不断的探索和实践后，我已经寻找到正确的手段，大幅度减轻了上述三个问题，使得拖延症少有发生。

对于没有即时反馈的问题，我在之前的章节已经分享了自己的小算盘，既然当下没办法触碰到未来的总收益，就必须将"期待好处"变成"经验好处"，把它按某个单位进行拆分并核算出单位收益以自我激励。

对于回避挑战的问题，我的解决方式是建立主题列表，伺机而动。

如果我写完一篇文章再开始想下一篇文章写什么，会让自己高度被动，然后就会被没找到合适主题的局面困住，进而产生拖延的倾向。因此，我在手机里建立了自己的"公众号待写主题列表"，只要平时突然觉得某个主题可以写，就立刻记在这个列表里。这并不意味着它可以变成一篇文章，因为我只是确定了主题，但里面涉及的逻辑、案例、方法、结论还没凑齐，且更多的时候是自己压根没想到合适的案例与结论。此时我就会在该主题之后标注"没案例"或"没结论"。假使在未来的某天，我突然遭遇了某件事，或者在课堂上突然听到某位同学的分享，然后意识到内容符合当初某主题的案例，便大幅度降低了该主题的写作难度，就会立刻把该主题提上日程，写成一篇完整的文章。

也就是说，我不会送一个"主题"上了"火车"后再专心伺候下一个"主题"，而是让多个"主题"长期住在"候车室"，一旦某趟"火车"发出来，就会立刻安排合适的"主题"走马上任。因此我从来没出现过"主题空巢"的问题，也几乎永远都不必为内容不充实而发愁。

这与当初老师教我们做试卷时"先做容易的，再做困难的，遇到不会的问题暂时跳过去"的思路有异曲同工之妙。之前在为大家分享培养读书习惯的经验时特意强调过，如果想坚持读书，千万不要一上来就读特别难特别厚的书，它会极大地挫败我们读书的积极性，很容易就放弃。这也解释了为什么那么多有拖延倾向的人，选择看《拖延心理学》那本书然后铩羽而归的现象，因为那本书逻辑性非常强且案例很少，专业术语也很多，一个平时不怎么看书的人突然接触到枯燥无味的工具书，必然会看得昏昏欲睡，于是他们的拖延症便发作了，把它丢到一边再也不碰了。

个人的建议是，不论什么任务，第一步要保证可以在 10 分钟内完成。我们可以设立一个目标，它既非常小，又可以给自己带来进步感和成就感。例如我们设想的目标是彻底收拾自己的房子，与其先从刷墙这种复杂的工作开始，倒不如先扫扫地、擦净桌椅、更换沙发套。我写文章前，会先用这 10 分钟来搭一个 200 字的框架，这就符合"小且有成就感"的双重条件。想想看，我连整体框架都设计好了，剩下的无非是逐段填充内容，那文章的竣工期也就指日可待了。

所以不论什么任务，都要先做简单的，等树立起信心后再挑战难度高的，这才是该有的顺序。

接下来是第三个问题，如何面对周遭的诱惑。有人说，把那些容易成瘾的娱乐项目都锁起来让自己看不见，不就不被诱惑成瘾了吗？这个说法未免异想天开，因为如果只要屏蔽成瘾的对象就能戒瘾，那戒毒、戒酒、戒网瘾就太容易了。何况那些东西是自己藏起来的，只要自己想玩，还是能迅速找到它们，咱也不可能跟"手工耿"一样，造一个"破釜沉舟跑步机"

127

那样的"监狱"来折磨自己。

核心的问题不在于如何屏蔽掉诱惑，而是在即便知道它们触手可及的情况下，如何更有效地投入当前的任务之中不被诱惑。我自己的方法是：明确目标，然后细化拆分并逐个击破。

为什么很多人在面对任务和问题时选择拖延？是因为他们设定的目标都是模糊的，比如"今天我得做一些事"或者设定的目标太大，太雄心勃勃，比如"我想在这个领域里做到第一"。以这样的方式设定的目标往往含混不清，实际上更容易引发拖延的问题。

常常听到有朋友这样讲他们的目标："我想要换一种生活了。"像这样一个模糊的目标是注定会让拖延者身陷困境无法自拔的，绝大多数说这种话的人，哪怕过了半年，生活依旧毫无变化。所以当我开始写一篇文章的时候，绝不会给自己定下类似"我要写出一篇文章"这样很模糊的目标，因为一旦制定的是这种目标，未来任何时候想回到写作任务中，我都会对自己说："我得写文章了。"所以不论是朋友的聚会邀约、玩游戏的冲动还是日常看书的计划，都会跟"我得写文章"的目标相冲突，但是实际上自己并没有写多少。最后意识到，自己其实是被"写出一篇文章"的目标吓倒了。

将目标定得太大，以至于阻碍了事情的进展，这种设定目标的方式无异于自寻烦恼。

如果我们能够将目标具体化，就可以找到完成它的线索。比如怎样才算"换一种生活"呢？或许可以整理一下家里堆积如山的衣服，或许可以从现在起每天运动半小时，或许可以报名参加某个技能培训班，或者主动约三个好久没联系的朋友出来吃饭，等等。这些具体的事情一旦被设定成目标，行动力就会被激发。

所以我给自己定下的目标，一定是非常具体且具有可操作性的："我

第六章　效率人生：告别低效和拖延的自救锦囊

要写出一篇文章，用时三天，不少于 4000 字，第一天起码要定好框架和写出文章的开头部分，这些约 500 字，第二天一定要把主体写好，至少 3000 字，而第三天则要扫尾和完成公众号文章的编辑工作。"

这样附带的另一个好处是，我在接下来的三天时间里，每天面对的不再是"一篇文章"这样庞大的目标，而是被拆分成块的具体任务。自己每次只需要专注于一个部分，而将其余部分抛诸脑后，这是一个更加合理、更加务实的目标，有助于真正投入到工作中去。

这里需要再提一下"航空母舰法则"。建一艘航空母舰这个任务一听就会把人吓退，但如果将航空母舰这一庞大的整体进行一层层的拆解，然后指着一个风扇说："生产出它来！"相信我们完成这个任务的信心一定能提高不少。因为瞄准这些阶段性的小目标而不是只瞄准最终目标有一个巨大的好处，那就是每一个小目标都要比遥远的大目标更为生动而清晰，
所以也就更容易达到。

试想目标拆分到这个地步的时候，在每一步都容易达到的情况下，哪怕周围有其他诱惑，自己也能轻易顶住。

拿公众号文章写作来说，我是这么具体拆分的，按照三天完成一篇的速度、每篇 4000 字的工作量来计算，一般完成时间是 300 分钟，相当于每天投入 100 分钟在公众号文章上。其中列提纲 15 分钟，正式写作 200 分钟，公众号的制作与发布 85 分钟，再继续拆分，那就是每天上午 30 分钟，下午 30 分钟，晚上 40 分钟。

看到没，300 分钟是个庞大的数字，会让人望而生畏，但 30 分钟却让人感觉很容易做到，于是拖延倾向又一次缓解了。在开始写作之前，我都会把手机调到飞行模式，然后定好闹钟，规定接下来 30 分钟必须专心写作。如果中途有明显的拖延倾向和转移注意力的行为，那么必须惩罚自己继续延长到 45 分钟才可以结束。于是就有了前 100 篇文章 45 万字写作量的诞生。

说得太多了，来做个总结吧。我是如何克服自己在更新公众号文章过程中的拖延症的呢？一共有三点：（1）即时反馈，自产诱饵；（2）先易后难，树立信心；（3）细化目标，逐个击破。

其实并不是所有人都有拖延问题，拖延症本身与性格有很大的关系。拖延比较严重的是像我这样红色性格的人，小时候做作业拖延，长大后在面对健身、减肥、看书时也会经常拖延。这类人缺乏的是蓝色性格的风险意识，同时也没有黄色性格抵抗外界干扰的能力。所以家长要想减少小孩子的拖延问题，就必须双管齐下，第一让他们学会拆分任务，第二给他们足够多的即时反馈。

这里需要特别加一条：请给孩子找个搭档。小学时某次暑假，邻居家阿姨让她的外甥、比我大两岁的男同学和我一起写作业。后来几乎每次寒暑假里，我们都变成了固定的组合，因为我们俩发现在旁边有人跟着一起写作业的时候，自己扑在写作业上的时间更长。这其实运用了人们在监督之下会刻意表现良好的心理状态，毕竟看着别人在认真学习，自己总不好意思光明正大地"摸鱼"。

找个搭档彼此监督，也叫"平行式做事法"。孩子在蹒跚学步时，会经历一个被称为"平行式玩耍"的阶段，意思是他们虽然知道彼此的存在，但始终各自玩自己的玩具，而不是相互之间一起玩。同样，我们也可以安排自己跟一个独立做事的人一起做事。但记得要找黄色性格（执行力强）或蓝色性格（自律）的人，这样才会大幅减少拖延问题。

130

学习高手：
如何高效阅读与学习

一、如何做到年阅读 2000 万字

从一年不看两本书到每年阅读 2000 万字，从摸到书就犯困到看见书就舒爽，七年练功心得经验，皆在此文！

相信大家已经知道，我的读书习惯坚持得还可以，每天阅读至少 6 万字，每年阅读字数在 2000 万字以上。这个习惯从 2015 年一直保持到现在。如果大家关注过我的微博或者朋友圈，就会发现我三五天便会读完一本书，并简要写下读后感，还会把书里的知识点全部手动打在笔记本里，加强记忆的同时还能方便日后查询。

所以在这些年里，不断有人问我该如何培养读书习惯。他们已经明确感受到成长步伐被文化这个短板给拖慢了，所以迫切需要读书，但几番尝试后发现实在读不下去，书买了不少，但最终都束之高阁了。

有这种需求的朋友，自然是没有读书习惯或从未享受过读书乐趣的人，他们希望把对读书这一行为的排斥转换为喜欢，把逃避转换为习惯。这是一项从 −100 到 +100 的"脱离地狱、飞升天堂"的过程，而当下喜欢和习惯读书的人，要么是打小就对读书不排斥甚至很喜欢的人，要么是从不喜欢到喜欢、实现完全蜕变的人。

所以如何培养读书习惯？这个问题要问第一类人，恐怕很难得到我们想要的答案，但如果问我，便是问对人了，因为我就是那种从厌恶读书的地狱中爬出来的人。

我在上大学之前就讨厌看书。所以像我这样追求快乐、崇尚自由、天生没什么自控力的人，一旦到了大学基本就不看书了（期末考前突击除外）。

可后来有两件事情深深刺激到了我。

一是2014年，我在《超级演说家》第二季比赛的时候，当看到其他选手动辄诗词歌赋、名人名言、即兴讲话也能旁征博引时，我突然意识到自己的文化水平已经倒退到连个初中生都不如。

二是赛后我跟陈建斌老师聊天，骄傲地介绍自己是做微电影的，喜欢编剧也喜欢话剧表演。陈建斌老师问我："你看过《百年孤独》吗？"我说没有。"那你就不配聊编剧。"他丢来这么一句话，如同一把利刃插进了我的胸膛。

2014年比赛结束之后，我便开始了自己的读书计划，短短半年的时间便培养出了如今的阅读水平，月阅读量轻松超过150万字。现将自己的方法和盘托出，希望给那些讨厌读书又想读书的朋友一些帮助。

方法一：用虚荣心战胜懒惰。

前面讲了"新年立志症候群"，绝大多数人培养读书习惯的初期都是这样，高喊口号往前冲，三分钟热度败下阵。如果你是这类人，请记住，你和我一样属于那种目标性差且兴趣点容易转移的人，不管做什么事情，如果没有旁人的加油打气，很容易在一项需要考验耐性的活动中如丘而止，像看书这样一个人安安静静没有人互动的事情，怎么可能有坚持的动力呢？

但我们还有一个共同的特点，就是我们很喜欢跟别人互动以及受到他人的关注，所以第一步，就是要利用这个特点来培养读书的习惯。

不知道大家有没有注意到，很多朋友喜欢在朋友圈做一件事情，那就是"每日的运动打卡"和"每日的背英语单词打卡"。他们为什么要在朋友圈打卡呢？自己在手机上做个记录不就好了吗？其实目光如炬的你一眼就能看出来，他们是希望获得别人的赞美："哎呀，你真的好努力！""哎呀，我也要向你学习！"而打卡的人一旦获得这种夸奖，就会更有冲劲儿，相反，如果没有人夸奖他们，甚至连互动都没有，我们就会发现他们再也不在朋友圈打卡了……

我就是这样一个喜欢读完书然后在朋友圈打卡的人。我也希望别人看到自己的努力，当然自知这样很肤浅，好像看一本书的核心目的只是为了最后发朋友圈告诉大家"我看完了一本书，我好努力"一样。

但有一点尤为重要，那就是我深知很多人能看出我的肤浅。他们从过往的经验中就知道我又是三分钟热度："他看了一本之后，下一本不知道什么时候能看完呢！"正因为不希望别人再把我当成一个肤浅的人看待，我就必须用实际行动证明自己这回绝不是三分钟热度：我看完第一本，一定还有第二本，我看完第五本，后面一定还有十本会看完的！

方法二：放弃功利心。

想培养读书习惯的人，往往会进入一个重大的误区，他们迫切地想要通过读书改变自己的现状和未来的命运！所以他们一上来会读一些"功利"的书，比如《道德经》《资治通鉴》《穷爸爸富爸爸》《终身成长》，还有那些看上去特别高级、书名只有两个字的书，比如《本质》《格局》《自治》《成就》《公正》……

我对这种行为笑而不语。

相信大家都听过一句话："你可以一天整成范冰冰，但不能一天读成林徽因。"连喜欢读书都做不到，连读书的乐趣都体会不到，又怎会读得下去这种枯燥无味的书？

可行，但不可取。虽然可以凭借耐心和运气闯过去，但整个过程中不但缺乏快感，受挫的概率也极大。要知道读书这件事情，愉悦感最为重要，带着功利心奔向高难度的书，那结果很有可能就是失败。

当年美国发起了一项"给总统推荐一本书"的公众运动，无数美国民众推荐了各种杂七杂八的书，希望总统先生能好好看过，然后提高自己的知识水平。史蒂芬·金是这么回应的："所有人都给那家伙出主意，让他爱看什么样的书就看什么样的书吧！"所以咱们不能着急，别一上来就抱着金融哲学类的书啃，不妨先从漫画或小说开始。首先要培养的是自己喜欢读书的状态，时间久了再考虑成长的事情。

方法三：自律和仪式感。

有了动力，有了目标，接下来就是做读书的计划了，所谓读书的计划就是每天看多少页或者多长时间的书。我们不但要制订好每天的读书计划，更重要的是一定要不遗余力地去执行它！

我一般早上醒来之后立刻读书，因为在这个时间段读书有两个好处。第一就是脑袋比较清醒，在状态最好的时候去啃书，效率会比其他时间段更高；第二就是早晨看完了书，会给自己一种精神上的鼓励："看，一大早我就这么努力，有了这么个开场，今天一定很棒！"

如果有加急工作，没有完成当天的读书计划，我也一定要强迫自己在次日或者第三天补回来。在出差讲课的时段，我还会打出提前量，比如现在是 10 日，而 16—18 日这三天要讲课，没时间看书，那我就会在 10—15 日这几天每天多看一点，把 16—18 日那三天的读书指标分散开来提前完成。有了这样的计划并且坚持执行，一个月的阅读量就在 50 万字左右了。要知道我国的《语文课程标准》规定初中生课外年阅读量在 260 万字，恭喜大家，我们又回到当年上学时的读书状态了！

所谓仪式感，就是读书的时候最好刻意搞点氛围出来。仪式感往往会让人对读书这件事充满向往。在繁忙的工作期间，一旦想起今晚可以再次享受这种读书的仪式感，身体立刻恢复活力来了精神。这种类似巴甫洛夫效应的做法，其根源就在于对读书的过程进行了刻意的设计，让其对自己而言充满吸引力。

我读书时营造仪式感的方法是根据书的内容配上相应的背景音乐，让自己跟随音乐的节奏去体验。

譬如读东野圭吾时，我会播放《名侦探柯南》的原声带；读伊坂幸太郎时，会播放《我是大哥大》的原声带；看"二战"有关的内容时，会播放《盟军敢死队》的原声带；看运动热血类书目时，会播放《灌篮高手》的原声带。

最后，就是我给大家的推荐书目了。

这些书籍，是我个人基于帮助大家完成读书习惯蜕变的原则来列举的，这些书都是被我从头到尾认真读完的，也曾都实打实地让我尝到了读书的甜头并获得了灵魂上的滋养。

阅读习惯修炼第一层：

这一层推荐的书籍的共同特点是短而有趣，它们的字数都在 8 万字左右，一天内看完几乎没什么难度，个别书籍可能连 2 万字都不到。且因为书中人物很少，故事背景也简单，记忆力不强的人，也不会一上来就被好多外国人名吓退。

《人生》——路遥著

《告白》——凑佳苗著

《许三观卖血记》——余华著

《动物庄园》——乔治·奥威尔著

《半小时漫画中国史》——二混子著

《房思琪的初恋乐园》——林奕含著

《嫌疑人 X 的献身》——东野圭吾著

《你今天真好看》——莉兹·克里莫著

《爱德华的奇妙之旅》——迪卡米洛著

《名画之谜：希腊神话篇》——中野京子著

《情书》——岩井俊二著

《灯塔》——克里斯多夫·夏布特著

《列克星敦的幽灵》——村上春树著

阅读习惯修炼第二层：

这一层推荐的书籍的共同特点是有趣甚至刺激，跌宕起伏的情节会让人持续不断地追看下去，但篇幅略长，基本在 20 万字左右，而且书中人物略多，光主角都至少有 5 个人。需要大家在一周的时间内，努力读完。

《恶意》——东野圭吾著

《神秘岛》——凡尔纳著

《阿勒泰的角落》——李娟著

《江城》——彼得·海斯勒著

《强风吹拂》——三浦紫苑著

《阳光劫匪》——伊坂幸太郎著

《金色梦乡》——伊坂幸太郎著

《万物既伟大又渺小》——吉米·哈利著

《我不知道该说什么，关于死亡还是爱情》——S.A.阿列克谢耶维奇著

《贫民窟的百万富翁》——维卡斯·史瓦卢普著

《金拇指》——郑渊洁著

《长夜难明》——紫金陈著

《坏小孩》——紫金陈著

《前巷说百物语》——京极夏彦著

阅读习惯修炼第三层：

这一层推荐的书已经不是故事书了，而是对我们的日常生活有帮助的工具书。这些书的共同特点是，它们不是运用在专门的领域，而是可以运用在全部领域。这里面涉及时间管理、情绪控制、沟通办法、影响力等，而我也是这些书的直接受益者，很清楚它们的价值在哪里。但因为故事性偏弱，读的时间长了脑袋会炸，所以唯有前两层修炼娴熟，能轻松阅读1小时以上者，才能挑战这一层。

《色眼识人》——乐嘉著

《暗时间》——刘未鹏著

《公正》——迈克尔·桑德尔著

《把时间当作朋友》——李笑来著

《非暴力沟通》——马歇尔·卢森堡著

《高效能人士的7个习惯》——史蒂芬·柯维著

《万万没想到：用理工思维理解世界》——万维钢著

《了不起的我》——陈海贤著

阅读习惯修炼第四层：

这一层推荐的书，虽然是精彩的小说，但基本都不低于50万字，这对于需要发朋友圈获得点赞来敦促自己阅读的朋友属于灾难性质的。因为如果总看第一层的书，我们一天就可以发一条朋友圈，会显得自己很勤奋，可如果到了这一层，我们可能20天才能发一次朋友圈，这几乎相当于没有任何的鼓励与刺激，全凭自己的耐力在支撑。

《曾国藩》——唐浩明著

《大逃杀》——高见春广著

《丰乳肥臀》——莫言著

《射雕英雄传》——金庸著

《平凡的世界》——路遥著

《白色巨塔》——山崎丰子著

《巨人的陨落》——肯·福莱特著

《热夜之梦》——乔治·马丁著

《白夜行》——东野圭吾著

《大秦帝国》——孙皓晖著

《三体》——刘慈欣著

《荆棘鸟》——考琳·麦卡洛著

《半泽直树》——池井户润著

阅读习惯修炼第五层：

如果你可以突破前四层来到第五层，那么任何人都应该给你个巨大的认可！这一层的书籍，不但逻辑性很强，同时还局限于专门的领域，基本相当于大学跨专业、文科学高数、理科搞历史！可是如果我们能涉猎每个领域，逐渐弥补自己的知识盲区，你在与他人交流时就能自信满满，再不愁话题，这时读书带给我们的已经不是快感，而是实打实的成长了！

政治：《近距离看美国》——林达著

心理：《路西法效应：好人是如何变成恶魔的》——津巴多著

哲学：《王阳明心学》——王觉仁著

清史：《天朝的崩溃》——茅海建著

明史：《显微镜下的大明》——马伯庸著

战争：《末日巨塔：基地组织与"9·11"之路》——劳伦斯·赖特著

法律：《洞穴奇案》——彼得·萨伯著

生物：《自私的基因》——理查德·道金斯著

人文：《天真的人类学家——小泥屋笔记》——奈吉尔·巴利著

社会：《社会性动物》——埃利奥特·阿伦森著

医学：《众病之王：癌症传》——悉达多·穆克吉著

地理：《枪炮、病菌与钢铁：人类社会的命运》——贾雷德·戴蒙德著

电子：《浪潮之巅》——吴军著

140

以上，便是我个人为大家推荐的"练功用"的书目。

最后要强调一件事情：

练功的原则只有一条，那就是"低层不玩转，不要碰高层，跳层更不行"。在自己上一层还没吃透的情况下就贸然跳关，那样真的会让自己读书的兴趣大打折扣。

方法就是这么多，祝大家练功愉快，早日达成月读 100 万字的战果，成为人人羡慕的"高级知识分子"！

二、为什么有人看书慢，有人看书快

心理学告诉你，有些人天生不适合读书！所以与其闷头苦读，不如另辟蹊径！

自从 2015 年开始分享自己的读书心得后，越来越多以前不怎么读书
的小伙伴也跟着我开始了自己的阅读之旅，然而时不时有人会问：

"看了这么多记不住怎么办？"

"没时间看怎么办？"

"看不进去怎么办？"

第一个问题，我的回答是：请问大家能靠脑子记住自己过往吃过的每一顿饭吗？肯定不能！但我们吃过的每一顿饭都帮我们成长为现在的自己。所以重要的不是读完就记住，而是培养自己的阅读习惯，只要有这种习惯，早晚有一天会发现，有些知识早就印刻在自己脑袋里了。如果真的想记住，那就尝试做读书笔记吧，哪怕两三百字的读后感也好！

第二个问题，我的回答是：倘若有机会，请务必尝试统计一下，自己每天玩手机和发呆的时间究竟有多少，相信每个人统计下来的数字都会很惊人。我自认为高度自律的人，但每天玩手机、看朋友圈和视频就耗费了

接近两个小时。若是拿出来半小时，看书也能看 20 页吧？所以"没时间看书怎么办"本身是个借口，你怎么不问自己"没时间玩手机怎么办"呢？只要肯读，时间总会挤出来的。

但第三个问题，我要重点且详细地说一下，因为答案可能会让大家大跌眼镜：确实有些人天生不适合看书！

为什么这么讲？每个人获取信息的途径和效率都不同，有的人获取信息的途径是通过捕捉细节，甚至是捕捉后再确认一番，然后拼凑在一起形成大脑里的最终信息，保证信息的足够准确。

可另外一部分人不是，他们一眼就能看到眼前事物的全貌，短时间内能读出它的基本信息，加上自己惯性的想象力，便在脑袋里形成了最终的信息。虽然细节会少很多，但在并不要求信息足够准确的情况下，这类"并不算满分"的最终信息，已经足够让他们采取相应的行动了。

以上两段话得出一个结论：在看书的速度上，前者是明显吃亏的。如果想看完同样一本书，前者需要花费的时间更多，并且需要更大的耐心来完成。

这个理论也可以用性格来解释。MBTI 体系里，人的性格维度中有 S—N 的对立极，拥有 S 型偏好的人，他们会观察式地面对生活、追求快乐，将所有感官的印象纳入意识并极其关注外部环境。他们注重观察而非想象。他们是天生的享乐者和消费者，热爱生活本身，能够享受生活。一般来说，他们是心满意足的，他们渴望拥有和享受。作为观察者，他们总是效仿别人，非常依赖现实环境。他们厌恶有压抑感觉的职业，非常不愿意为了将来的好处或利益牺牲眼前的享受；他们偏好现实生活的艺术而非进取和成就；他们对公共福利做贡献的方式是支持所有形式的享受和娱乐及各种舒适、美丽和奢侈；他们容易流于琐碎轻浮，除非通过发展判断方式来获得均衡。

而 N 型偏好的人则完全相反。他们会期望式地面对生活、追求灵感，只有当感官的印象与当前的灵感相关，他们才会将其纳入意识；他们注重想象而非观察；他们是天生的发起者、创新者和推动者，对生活本身兴趣不大，不太会享受生活；他们是焦躁不安的；他们渴望机会和可能性，作为幻想者，他们是创新型的，对别人做什么漠不关心，根本不依赖现实环境；他们厌恶要求持续关注感受的职业，愿意牺牲眼前的享受，因为他们本来就不生活在眼前；他们偏好进取和成就，对现实生活毫不在意；他们对公共福利做贡献的方式是进行与人类所有兴趣有关的发明、创新、进取和强大的领导力；他们容易变得善变和挑剔，缺乏韧性，除非通过发展判断方式来获得均衡。

到了现实工作中，因为存在 S 型和 N 型的区别，导致有人做事慢、有人做事快。

143

S 型的人大都不信任唾手可得的答案，他们也认为只抓住一个答案就罢休是不谨慎的。他们将一个人的智力定义为"理解的合理"，就是事实与结论的确切和牢固的统一，并且认为只有充分考虑了事实才能够得出结论。

比如一位 S 型的桥梁工程师被别人问："这座桥的承重是多少？"这位桥梁工程师只有在仔细检查桥梁后才能明确说出这座桥的实际承重，而不只是单单基于过往的经验来做个粗略的判断。这个过程很慢，慢得会让一些人感到焦躁："何必这样，给我个大概的数就行了！"但 S 型的人追求事实，他们认为这是必要的步骤。

而追求"大概的数"的就是 N 型的人了。N 型的人对智力的定义是"理解上的迅速"，所以 N 型的人总是思维敏捷的，他们的方式是将问题快速分配给无意识（我们可以理解为"第六感"），迅速启动并立即抓住答案。

S 型的人偏好局部思维，N 型的人偏好整体思维。

反本能思维：如何摆脱天性中的迷茫与脆弱

　　参加考试的 S 型学生，会缓慢细致地反复阅读每个问题，N 型学生能快速捕捉信息并作答，甚至还能保证答案的正确！那么同样时间内 S 型学生所能回答的问题，当然也就少于 N 型学生。

　　而经常出现的一个现实案例是，S 型和 N 型的人乘同一辆车驶入一个近乎满员的停车场时，S 型的人会先尝试打开车门出来远望，确定哪里有车位；但 N 型的人只会说："往前开……往右转……往左拐……继续往前。"然后前面一辆车刚好出去，空出了一个车位！

　　S 型的人会惊奇地问："你是咋办到的？"N 型的人只会云淡风轻地说一句话："我就知道，这是直觉！"

　　这就是 N 型人让 S 型人难以理解的神奇的本领。

　　讲了这么多，回到读书这件事情上，S 型的人在阅读过程中不会略读，也不赞同会话中的省略。他们相信推断出的事物不如明确表示的事物可靠，所以只会逐字逐句地认真读。而当我们让他们对事物进行想象时，他们就犯难了。

144

　　但 N 型的人不同，他们在别人还在逐字地阅读时，唰地就把一大片文字吸到自己的脑袋里，快速糅合成一股信息，并凭借自己强大的想象力和感知力进行加工，并相信这些信息就是作者原本要表达的意思，而现实又多次证明了这种一致性。

　　坦率地讲，我就是个典型的 S 型人格，看书的时候几乎就是逐字阅读，可想而知，这样的读书速度有多慢。我身边就有几位读书如坐火箭一般的家伙，20 万字的小说 2 小时就看完了！

　　小时候，父母为我报了个"速读班"，当时练习的方法我到现在都记得：将一页书平摊开，取中线，假如这一页书有 15 行，那就被中线分成了30 个点位。我们要以每秒钟两个点位的速度跳动自己的视线点扫描一整页的书，然后闭目将刚才的影像组合在脑袋里并复述甚至默写出来。这就是

第七章　学习高手：如何高效阅读与学习

所谓的"快速阅读"了。

上过几轮课程之后，我产生了深深的挫败感，甚至一度认为这就是一场骗局，怎么可能有人能掌握这种神操作？分明就是骗学生父母的钱！可是长大之后，这种挫败感消失了很多：因为那些速记高手几乎都是N型人格，他们天然对整体的画面有超强的记忆和感知力。

有一天，我给我妈推荐了一部韩剧，她给我的反馈却是："看不下去，看字幕太累。"最初还以为她是不是年龄大有点眼花了，但后来慢慢发现，她同样属于S型人格！当电影画面和字幕同时出现时，她的视线几乎都集中在字幕上，为了弄懂剧情的意思，画面部分就被她在这一瞬间舍弃了。而如果对话够快，字幕飞速切换，对她来说就是一场灾难，能跟上字幕的速度并正确理解意思就已然艰难了，哪里还顾得上画面呢？

我虽然是S型的人，因为经常看外国电影，经过了长期的刻意训练，才能勉强到现在的程度。可像我妈这种几乎只看国语节目和电视剧，还是S型人格的人，便很难适应当下的字幕文化了。

正因为如此，我妈平时很少看书，看书的速度也很慢，怕是也跟我一样逐字逐句地阅读。但后来她顺利解决了这个问题：她开始用手机听书了，而且听得不亦乐乎，甚至借机补齐了四大名著！偏好局部的S型人格，听书确实是极佳的选择，因为耳朵得到的信息，本来就是逐字逐句递送来的！虽然听书赶不上看书的速度快，但起码"看不进去"的问题顺利解决了！

因此，如果某些朋友是个平时阅读速度很慢、读起来几乎是逐字逐句在脑海中默读的人，可能也是个S型偏好的人格。阅读速度比不过别人，只是因为信息获取方式跟别人不一样，这是非常正常的事情，完全不用自卑！

但"看不进去书"的问题终究要解决！所以我在这里提供两种解决方案：

其一，多花时间。俗话说勤能补拙，既然速度比不过"一目十行"的 N 型朋友，我们 S 型的人就得多花时间以保证读够同样的量。读书这件事情，本身也不需要跟其他人比较，只要自己养成读书习惯，保证自己比以往更进步，那就是自胜者强了！

其二，改为听书。S 型的人从小就喜欢用五官（触摸、看、听、闻、尝）来感受这个世界，而不是用自己脑海中自行生成的意识。所以不妨从现在开始发挥自己的生理偏好，每天花半小时来听书。一个人的正常语速是每分钟 220 字，如果半小时不间断地听书，也能听 6000 余字了，相当于 6 篇高中作文的量，已经很多了不是吗？

当然，如果有朋友已为人父母，以上内容也会对他们有价值。因为如果可以基于心理学，确定自家娃是什么性格类型，再用适当的方法来引导他吸收知识，会更有效果。如果他是个 S 型的孩子，过早给他看文字书只会让他讨厌读书。可以多提供漫画、有声书和立体书，让他从平面图画、3D 世界和声音中获取知识。而如果他是个 N 型孩子，那可是天生就具有文学头脑和外语头脑的，别说早点给他看文字书了，早日阅读外文书可能都不是难事！

三、读完记不住？试试读书笔记

画线折角，都是自欺欺人的把戏，不如培养读书笔记上的"巴甫洛夫效应"！

前面提到，有许多朋友是希望读完书之后能记住的，但看完很快就忘记了。那有没有办法可以改善这个情况呢？

但凡跑来问我这个问题的朋友，主观上把我定义为"看过便记住的读书小达人"。然而实际情况却是，我自己也是个记忆力很差的家伙，如果让我回忆刚刚看完的一本书，我也只会磕磕巴巴。

这个问题确实很普遍，我个人给出的建议是：最好花一点时间做做读书笔记。

首先基于个人实战经验与所见所闻，为大家屏蔽掉读书笔记的两大误区：

误区一：画线就是记住。

2014 年我开始正式培养读书习惯的时候，发现书中有许多自己完全未曾知晓的知识，以至于产生了井底之蛙见到大千世界的内疚与激动。为了记住那些知识，我总会把那一页折上角，并且拿笔在重点处画上线，便自以为掌握了这个知识点。

然而时间久了，我发现我只是记得那本书很好，当初给了自己巨大的触动，但里面讲了些什么，却早已忘得一干二净，向别人大体复述书中的精彩观点，那更是不可能。即便它是一本好书，在脑海中也只是简单留下了"好评"的印记而已。

这样的现象同样出现在其他的书上，大多数书都被折了角画了线，但留在脑海中或供自己随时翻阅查找的寥寥无几。直到 2020 年年初自己养成写读书笔记的习惯后才发觉：本以为画了线就能记住，但这种想法真幼稚，那些好书真的统统都白看了。

误区二：拍照扫描就是记住。

我在培训演讲的时候总是会告诉学员，如果自己的演讲很长，知识点又多，为了让他们记住，最好的方式就是在演讲的最后放一张 PPT，把自己演讲中的知识点总结归纳在一页上供大家拍照。

我们总是以为，只要拍到了手机里，便是记下了。这种做法与在书中画了线便认为记住了的做法如出一辙。现如今许多手机扫描软件应运而生，大家只需要拿起手机对着书页拍照，软件就可以自动对照片进行扫描，然后将其转成文本文字，而且随着技术的发展，准确度也越来越高。于是许多朋友开始依赖这种软件，只需点击几下手机屏幕，就可将书中内容转换成可编辑的文本，然后便认为是记下了笔记。殊不知这也是典型的自欺欺人的做法。

科学研究表明，遗忘至少包含两个阶段：在学完后第一个小时记忆便会迅速减退，接着在大约一个月的时间里则是缓慢地减退，所以不论是折角画线还是拍照扫描，都只是短时记忆，只要不再看，迟早会被我们的大脑忘掉。

我们脑袋里的记忆是如何形成的呢？大脑其实是给每种记忆都做了一个有标题的储存点，以便我们日后可以沿着神经线通路找到它。比如大家

第七章　学习高手：如何高效阅读与学习

正在看这本书，并对里面的某个观点表达了认同，此时因为我们刚刚看过它，所以调动了自己体内的血清素，对某个感觉神经元进行了一次脉冲，那么大脑里便形成了"短时记忆"，我们便可以快速复述出里面的内容。

但"短时记忆"的缺陷是，睡一觉后可能就完全忘掉了。所以假如我们想要长期拥有这个知识点，希望它可以如"锄禾日当午"一样长久印刻在自己的脑袋里，哪怕几年后都能想起其中的细节，那么这时我们需要在脑袋里形成"长时记忆"。于是就必须调动自己体内的血清素，对负责记忆这个知识点的感觉神经元进行五次脉冲，接着那个神经元便合成了新的蛋白质，相当于草又生了一条根，最终牢牢地长在自己的脑袋里，我们便不会忘记这个知识点了。

打个粗浅的比方，我们记忆的知识点相当于一棵小草，而这棵小草是被风一吹就跑，还是任凭风吹雨打都纹丝不动地扎在土壤里，取决于你到底能让它产生多少根！而善于学习的人，都是习惯长期调动自己潜意识并努力在脑袋里"种草"的人。

如果大家想在看完书之后能记住，只能靠长时间的努力！正如小时候背诵唐诗宋词一样，不重复个几十遍，我们是断然记不住的。所以最有效的做读书笔记之法，除了花时间抄写，并定期复看之外，真的别无他法。我等皆凡人，不可偷懒，唯有努力。

2020年新冠肺炎疫情期间，我开始养成了在电脑上抄写笔记的习惯，而且从此一发不可收。不论是小说还是诗集，但凡能被自己抓住的知识点，我通通都会把它们输到电脑的文档里。截至2021年年末，我抄写的读书笔记已经达到了150万字，而且目前也正在重读过去八年读过的那些经典的读物。重读的目的，就是追回过去浪费的时光，把书中的知识点再度收回自己的记忆库中。

有朋友可能会问一个问题：难道说抄写了一遍之后就能记住吗？

反本能思维：如何摆脱天性中的迷茫与脆弱

说实话，即便抄写了这么多文字，我自己真正能记住的也屈指可数。但誊抄一遍并加以整理后，最起码有两大好处：第一是加深印象，因为总比扫描和折角更能增加血清素的脉冲数量；第二是日后查找起来方便，因为我们不再依赖原书本，只需要运用电脑的查找功能，便可快速检索到。所以这个习惯给我带来的直接价值就是，虽然记不住它的内容，但知道在哪里能快速找到它。

比如我在做领导力培训的时候，需要一个领导以身作则感召员工的案例，我就突然想到，自己曾经在《大秦帝国》中抄写过一段文字。

我只记得大概情节，但快速搜索到这本书的读书笔记，便找到了它，然后在课堂上通过自己的话表述出来，讲了个大概，就顺利完成了教学目标。如果说不清其中的故事细节，学员们可能会单纯认为我博闻强识，但我确实实现了快速检索知识并加以利用的目标。

即便要开始做读书笔记了，也并非甩开膀子就开始抄，这里面其实有几个实用的方法，都是我个人的经验，分享给大家。

其一，大标题，很重要！

小时候的语文课，课后总会有一个作业：请分析本文的中心思想和段落大意。实际上，这是在帮我们练习对文章的总结归纳能力。从繁杂冗长的文字中提炼出核心关键点并加以吸收，这是一种必须要训练的本事。从人性的角度而言，人们记不住几千字的文章，但文章大概讲了些什么，终归还是记得住的。

同样的道理，我们做读书笔记的时候，固然记不住所有文字，但为了加强记忆并方便未来快速查找，必须在每一个繁杂的知识点誊抄完后，用更大码的文字给这一部分起一个醒目的大标题。

譬如在今年初，我读完了关于信息时代商战沉浮的《浪潮之巅》这本书，共抄写了四万多字的读书笔记。读书笔记字数过于庞大，检索不易，于是我为它起了六十几个大标题。

如果单独看这些标题，自然也是记不住的。但可不要忘了，在每一个标题下面，我可是花了大量时间抄写了它的原文，在抄写原文的过程中，我的血清素就已经为自己频繁产生脉冲，留下记忆的可能性会大大增加。即便还是记不住它们，但日后如果遇到关于信息行业方面的知识需求时，我仍然可以快速翻找出《浪潮之巅》的读书笔记，搜索可以为自己服务的知识点。

其二，标红部分很重要！

很多时候，我们起的大标题碍于字数或内容，并不能包含全部的核心知识点，此时我们便需要用标红的办法，来给自己做重点提示。比如我们做笔记的大标题为"为什么说成功路上并不拥挤"，这标题里并没有答案，所以我们要把几百字的笔记中最核心的答案"因为大多数人跑了一半就放弃了"这几个字做标红处理，这样之后回顾起来便会大大提高效率。

其三，喜欢它，很重要！

MBTI 体系强调每个人之所以性格类型不同，是因为内驱力不同，而性格的内驱力决定了这个人将会倾向于采取什么样的行动让自己感到舒适。所以，要努力扩展自己的舒适区，直到全世界都是自己的舒适区。因此对于不善于做读书笔记的人，与其急着培养自己日记千字的能力，还不如首先培养自己做读书笔记的兴趣。

而做读书笔记的兴趣来自两件事：

第一， 做读书笔记的最终目的。搞清楚目的自然便有了动力，我之所以做读书笔记，是希望自己肚子里有货，可以在培训中更好地输出观点与知识，以获得别人对我的高度评价，从而在培训界有口皆碑。正因为有此目的，我在看到书中某个知识点并且把它记录在电脑里的时候，内心自然是亢奋的：它在未来可以使用！

第二，有吸引力的过程。上文提到读书的时候要有仪式感，这种思维同样可以用在读书笔记的习惯养成上。做读书笔记的时候，首先要找到自己的"舒服姿势"。其次，找到适合每本书风格的音乐，不但会提高自己的亢奋度，同时也会提高打字的效率。

于是，我在做读书笔记上的"巴甫洛夫效应"就此产生，它对我产生了正面的刺激，只要自己感到疲乏混乱，便会投奔到这个让人亢奋又舒适的世界。在这种情况下，它反而会阻止我挑选好读易消化的小说，而刺激我抓紧去读一些可能存在大量知识点的工具书，以获得读完之后抄写读书笔记的机会。这样，读书和做笔记两件事情都有了强烈的刺激源，又何愁"看完就忘、记也白记"的悲剧发生呢？

四、保持学习心，对新技能说"yes"

并非当下认为没用的东西就真的没用，它很有可能在未来带来意想不到的价值。尝试做个"Yes man"，世界将会更灿烂！

我很喜欢一部电影，叫《好好先生》。

金·凯瑞饰演的男主角是个没什么追求、不喜欢承担责任的银行职员，经常挂在嘴边的单词就是 no。他拒绝为朋友聚会买单，拒绝客户的贷款请求，拒绝马路上的一切宣传单，拒绝邻居的求助……他总是找各种借口逃避压力，而最终的结果就是朋友不喜欢他，老板不待见他。

一位好心的哥们儿带他去听了一场演讲，演讲的主题是从现在起，要对生活中的一切说 yes。男主角在演讲者和其他观众的起哄下立下誓约，从现在开始不能再说 no，不论在什么情况下都要说 yes。

这下有趣了，男主角会在乞丐的要求下开车送他去见他的老伙计，临分开时还把所有的钱都给了乞丐；他会同意所有客户的贷款请求，不论对方的理由有多荒唐；他会接过路边任何一张培训传单并同意报名，于是他学了韩语、吉他还有开飞机；当朋友听说他有这个约定的时候，趁机让他包场请全酒吧的客人畅饮，他含着泪皱着眉，但没有拒绝。

最终，他不但升职了，朋友也更喜欢他了，生活中充满了全新的兴趣

153

爱好，意外成了救人英雄，还找到了一个漂亮可爱的女朋友。他靠着从 no 到 yes 这样看似简单的转变，彻底完成了人生的逆袭。

这一切其实都是在以自我为出发点，凭主观经验去决定所有的事。虽然很多选择在理论上正常且正确，换其他人也会在那一时刻说 no，以求得利益最大化或感受最佳化，但这种判断也只是理论上的，因为我们永远无法知道当自己点头同意后，是否会出现像《好好先生》那样塑造出另外一种意外的可能。

这种喜欢说 no 的习惯，确确实实阻挠了绝大多数人去接触新事物，尤其在学习上。

当有机会学习一项技能时，人们常问的问题是："学这个有什么用呢？"其实标准答案永远是"不知道"。虽然很多人会告诉我们学这个确实很好，但实际上对于我们自己而言，真的永远无法预料学这个到底能在未来给自己带来什么。

154

此时会出现两类人，第一类人是《好好先生》前期常说 no 的男主角。他们在意的是学习的用处，会基于自己过往的经验和现状来判断这东西学了对自己会产生什么好处。可问题是，都没有学过，怎么知道它对自己会有什么价值呢？正因为永远不知道学了这个对自己有没有好处，所以他们放弃了。随着时间的推移，也没发生什么意外，或者准确讲，也没有因为没学这个东西而让他们错失什么良机或面临什么尴尬与失败。所以他们会粗暴地得出一个结论："看吧，学跟没学是一样的。"

当然还存在另外一种可能，就是他们后来真的需要，却发现自己当初没学。他们会后悔莫及并且立刻回头去学吗？此时就多了一个新理由："现在学已经来不及了。"而且当下次再遇到同样的问题，他们依旧会选择不学。

两个理由加在一起，便组成了这些人阻抗学习的核心理由。可以预见的未来就是：他们很难掌握新技能、学到新东西。

但这个世界上还有第二类人，那就是《好好先生》后期经常说 yes 的男主角。他们采取的态度是"管他呢，先学了再说"！他们没有太在意目的和好处，而是自顾自地去学了。许多年以后，他们自然而然找到了学这个的用处，享受了已经掌握这项技能带来的好处。所以，这种结果会继续强化他们的意识："管他呢，先学了再说。以前学的那个用上了，这个以后指不定也能用上。"于是他们逐步成长，慢慢增加不同的技能。

曾经我选书看书的时候，带有强烈的功利主义，豆瓣 8 分以下的书我是根本不看的。之所以这么做，是希望通过阅读精华书籍让自己快速提升。我瞄准的全部都是类似《月亮与六便士》这样的名著以及类似《王阳明心学》这样自认为充满了知识点、读完肯定能让自己成长的书。

但有一天，我突然拿到杨炼的《唯一的母语》，是介绍不同国度诗歌的共通之处和差异的。粗略翻了几页之后只觉云里雾里，不但毫无兴趣，同时粗暴地下了个结论："这本书对我没什么用。"但当时因为限于某些客观条件，我只能读这本书，于是硬着头皮读了下去，在里面读到了这样一个观点：

"日本的文化就像是一个刚出生的赤身裸体的婴儿，他很冷，于是他开始找衣服，找的衣服都是很厚很保暖的。而中国的文化却像是刚出生就穿着各种厚衣服的婴儿，他很热，但不知道脱哪件，索性全部脱掉，把自己扒了个精光，但此时又突然觉得冷，于是就开始在满地的衣服里胡乱扒衣服穿，结果穿了个四不像。"

我们不评判这个观点，但它确实让人眼前一亮。

自那之后，我便不会轻易拒绝评分低的书籍了，时常会基于这次的经验本能地去想："万一里面藏有什么不为人知的宝贝呢？"而事实上，我确实在一些很少人看的书和电影里，找到了许多可以运用的知识点。比如在看大鹏的电影《缝纫机乐队》时，其中有一个片段，这个片段简直就是演讲中"后果放大法"的实际运用案例。自那之后，每次我教演讲技巧的时候，都会放这段视频。

所以所有我们当下认为没用的东西，都有可能在未来给我们带来完全想象不到的价值。

还有许多东西我们学了，但到现在都没有带来实际的价值。譬如我在大二的时候考了计算机二级 C 语言，直到现在都不知道这东西给自己带来了什么；譬如我在读研的时候，拿下了日语 N2 等级的证书，可直到现在都没有因为掌握日语中级而获得实质性的好处；譬如我在 2019 年年初，花了两个月的时间复习，考了主持人资格证，可自己早就离开了主持人岗位。

看上去，这三件事情到现在都没有给我带来实质性的好处，可是事实上每当我说出这些战果的时候，自己就已经充满自信了，因为我可以通过这些事实来告诉别人，自己是一个只要想去掌握某项技能，就一定能掌握它的人，而且当下没有带来收益，并不代表着未来也不会！

所以，尝试不再拒绝某个看似无用的课程，尝试学习某门看似毫无意义的技术，尝试跟金·凯瑞一样做个"Yes man"，不但是增添自信的方法，同时也有可能开启一段全新的生活。

第八章

时间管理：

自律的人生更自由

一、时间记录：了解时间流失的真相

为何明知今天浪费了很多时间，明天却依旧重蹈覆辙？因为你根本没统计过自己浪费了多少！知道时间是怎么丢的，是善用时间的大前提。

158   2020 年 5 月 23 日，我读了一本叫《奇特的一生》的书，这里面记录了一个俄罗斯奇人柳比歇夫的生平，而之所以称他为"奇人"，是因为他 56 年坚持记录自己每天的日常，每日记录自己做了什么，用了多长时间，甚至精确到分钟。基本格式如下：

8：30—8：44 洗脸刷牙	用时 14 分钟
8：45—9：16 吃饭＋读报	用时 31 分钟
9：17—9：23 上厕所	用时 6 分钟
9：24—11：54 写作	用时 2 小时 30 分钟
11：55—14：31 朋友来访	用时 2 小时 36 分钟
14：32—14：55 撸猫	用时 23 分钟
14：56—18：00 刷剧	用时 3 小时 4 分钟
18：01—18：18 晚餐	用时 17 分钟
18：19—18：31 玩游戏	用时 12 分钟

18：32—19：56　散步 + 广场舞　　　用时 1 小时 24 分钟

19：57—21：30　给大妈们看手相　　　用时 1 小时 37 分钟

21：31—21：45　步行回家　　　　　　用时 14 分钟

21：46—22：22　我爱洗澡皮肤好好　　用时 36 分钟

22：23—22：54　观赏《男人装》　　　用时 31 分钟

22：55　　　　　　　　　　　　　　关灯睡觉

很难想象，在那样一个没有手机、没有电脑、纯靠手记的年代，他可以详细记录自己的时间并且坚持整整 56 年。

人们听说他的奇特行为后分为了两大阵营，第一个阵营是质疑甚至嘲笑；第二个阵营的人对此行为特别感兴趣，甚至立刻开始尝试，希望借此让自己变得更自律、更能有效运用时间。而我本人，就属于第二阵营。

我的计划开始于 2020 年 5 月 23 日，也就是读完这本书的当天。我在网上搜索了一款时间记录的软件，并记录下了当日的行为和时间。

在这个软件里，虽然不能做到如柳比歇夫那样精确，但可以每 15 分钟记录一次行为，而且可以自行设计版块名称并赋予特有的颜色。

当一天结束后，就可以对该日的时间使用进行统计了。软件会自动呈现饼状图，并且详细告诉我每一项活动花费的时间。

而如果坚持记录一段时间，就可以对一定区间的时间使用进行统计。

坚持记录时间一个月后，我有了如下的感悟：

1. 查缺补漏，面面俱到

当我们对某个时间段的活动进行统计时，能轻易发现某些活动已经做了许多，但还有一些活动是很少做的。比如说我在那一个月里多次发现，自己在"学习"这件事情上做得比较少。作为一名培训师，知识的补充就

159

像是武师的日常打桩一样，所以我会及时调整自己的活动安排，安排做读书笔记或听微课。这一功效，相信对那些在乎情感却忙于工作的朋友来说也颇为有效，当发现在情感类行为投入的时间较少时，我们可以及时调整与想办法补充，以维系亲密关系。

2. 及时调整，减少负罪感

我是一个爱打游戏的人，但相对自律一些，知道控制自己的游戏时间。当发现自己上午游戏时间严重超标时，我会强迫自己下午和晚上不再玩游戏。相信这个方法对喜欢玩手机的朋友会有帮助，因为当我们尝试记录时间之后，就会发现每天花在玩手机上的时间竟然这么多。

160

3. 成就感

保持记录时间的习惯至少一周，且在这段时间里确实自律才能享受到成就感。以我那一个月的时间记录来看，我花在交朋友上的时间是 90 个小时，而在看电影、阅读和学习上，都花了至少 30 个小时，维持公众号的运作以及做饭花了 20 小时以上。如果以前没有这些数据，我只知道自己做了这些事，而且投入了不少时间。如果我们坚持记录一段时间，发现自己在正确和应该做的事情上投入的时间极少，那便不会有成就感，相反挫败感会很高。但那也是好事，因为至少我们终于知道自己真的在虚度光阴了，该调整了。

4. 节奏感

统计数据不但有总数，同时还可以平均到每一天。从那一个月的数据来看，自己平均每天都有 3 小时的交友、2 小时的工作、1 小时的阅读、1 小时的学习、1 小时的娱乐、1 小时的电影时间，而这些平均数，就是每日生活的节奏感。平均每天是怎么分配的，把每天都安排得井井有条，方方面面都兼顾，就是自律习惯养成的开始。

以上就是我坚持了一个月时间记录后的感受。

没有这个时间统计，我们的生活会变得轻松一些，就像不学习会更轻松，不提高自己、不为别人做事也会更轻松。如果不去考虑轻松不轻松的问题，而考虑需要不需要的问题，那么人必然会严肃地考虑如何利用一天、一个月、一年的时间。

善于把控时间的人，很少会抱怨自己没时间；善于工作的人，时间也总是够用的。

最好还是用另外一种说法：他们的时间始终都比别人多一些！

为什么他们的时间会显得多且够用？因为他们自律，且清楚知道自己每天在做什么，也清楚地知道这些事情与他们长远的人生目标有关，知道自己未来要什么。所以他们会割舍掉那些浪费时间和分散精力的事情，于是时间自然就够用了。

正如我现如今安排的所有事情都跟未来要做培训讲师这个大目标有关。为了达到这个目标，必须知识渊博、阅历丰富、人脉广博、精神状态良好。而为了满足这些基本条件，又必须相应地付出长久的努力：我需要大量阅读书籍和观看电影，需要有充足的培训讲课经验，必须不断经营自己的朋友交际圈，必须对自己的生活有高度的自律。而这些，都需要拆分在每天的安排中，点点滴滴地积累，并最终实现。

所以，推荐大家也尝试开始记录时间，因为这里还有一个真相，那就是当我们开始记录时间的时候，自律就已经开始了。

二、时间规划：不为繁杂事务劳心费力

上等人有本事没脾气，中等人有本事有脾气，下等人没本事有脾气。身体可以累，脑袋可以累，但心一定不能累！

162　　科技的发展往往能减少人类的疲劳程度，比如地铁、全自动洗衣机、声控灯、电视机的红外线遥控器等。所以很多观点认为，真正推动这个世界发展的并不是勤劳的人，而是懒人，因为只有懒人才不想从沙发上爬起来，走到电视机前摁按钮来换台。

这话颇有笑谈之意，但我们也不得不承认，有些东西确实减少了我们在体力上的付出。按道理来说，科技发展这么多年，人类应该活得更轻松才对，但为什么我们反而觉得越来越累呢？

大多数时候，人之所以感觉累，其实不是身体的累，而是心累。

如果一件事自己喜欢做，就算通宵达旦也不会觉得累；可要是我们不喜欢正在做的事情，或者需要背负巨大压力才能推动的事情，时间一长真的会很累。

在日常的工作与生活中，面对大量纷繁琐碎的事情，尤其是面对自己不喜欢的事情时，如何做到身累心不累、身忙心不忙呢？

杜月笙曾说："上等人，有本事没脾气；中等人，有本事有脾气；下等人，没本事有脾气。"考验我们是什么水平的人，往往就取决于在繁忙与压力状态下我们会有什么样的情绪。如果我们可以冷静地处理繁忙的工作，那就是上等人；可假如事情还没怎么忙开呢，先用情绪把自己累死在原地，那可能真的要沦落到下等人的行列了。

在处理繁杂事务的心理状态上，我自己还是轻松过及格线的。

看着一大堆的任务扎堆向自己扑来，我采用的原则就是：身体可以累，脑袋可以累，但心一定不能累。

拿 2020 年 10 月 23 日这一天来举例。这一天，我需要完成的事情如下：看至少 6 万字的书、玩拼图、玩游戏、打印差旅票据并邮寄、摘抄读书笔记、取快递、去菜市场买菜、做午饭与晚饭、看一部电影、跑步与健身、出门做推拿、写公众号文章、准备下一场培训 A 的课件、思考另一场培训 B 的教学大纲、熟悉博士作业 A 的汇报内容、筹备博士作业 B 的选题。

从早上起床后，我便开始对这些事情按照类型与紧急程度进行了分类：

今日必做任务：打印差旅票据并邮寄、去菜市场买菜、做午饭与晚饭、跑步与健身、出门做推拿、写公众号文章、准备下一场培训 A 的课件、熟悉博士作业 A 的汇报内容、筹备博士作业 B 的选题。

重要但可延至明日的任务：摘抄读书笔记、取快递、思考另一场培训 B 的教学大纲。

重要但可划归为娱乐的事宜：看至少 6 万字的书、看一部电影。

纯娱乐事宜：玩拼图、玩游戏。

当我对所有任务进行分类后，又对它们进行了时间上的预估，于是这份计划变为：

今日必做任务（合计 7 小时 50 分钟）：打印差旅票据并邮寄（10 分钟）、去菜市场买菜（30 分钟）、做午饭与晚饭（60

分钟）、跑步与健身（45分钟）、出门做推拿（70分钟）、写公众号文章（180分钟）、准备下一场培训A的课件（30分钟）、熟悉博士作业A的汇报内容（15分钟）、筹备博士作业B的选题（30分钟）。

重要但可延至明日的任务（合计1小时）：摘抄读书笔记（30分钟）、取快递（10分钟）、思考另一场培训B的教学大纲（20分钟）。

重要但可划归为娱乐的事宜（合计3小时40分钟）：看至少6万字的书（120分钟）、看一部电影（100分钟）。

纯娱乐事宜（合计1小时）：玩拼图（30分钟）、玩游戏（30分钟）。

164

算起来，如果全部事宜都完成，需要13小时30分钟，如果从早上7点起床开始算起，那么到晚上8点半就能全部搞定，而晚上11点睡觉，自己仍然有两个半小时的时间可以用来发呆、午休、吃饭和对突发事件进行处理。更何况，这些所谓的任务里原本就包括许多娱乐事宜，只要合理地进行排布并严格执行，便能轻松实现劳逸结合。

做了这样一个任务类别与时间统筹的梳理，自己瞬间就不累了，甚至还有一丝爽快感！后来，我给自己制订的计划在当天几乎全部完成，而当日的实际日程安排也基于时间记录的习惯全部被记录在手机软件里了。

这就是每天一开始就做时间规划的好处，它可以极大地减少我们面对繁杂事务时的焦虑情绪，而且更有助于我们按部就班地展开工作。我们可以把它们想象成今天要打败的一群大小boss，一次只做一件事情，每完成一个就在计划中狠狠画掉它，然后看着一个又一个boss被我们干掉，那将会是多么愉快的行动——尝试把工作当游戏，从思维上转变自己对工作的态度，以增强自身的主观能动性。

相信很多人看到以上的内容后，会持反对的态度：太麻烦了！做计划表都要花很长时间，有那时间直接开干不好吗？

这都是懒于做计划的朋友所做的自我辩解，也可以说是一种逃避！在没有日程规划与时间安排之前，在没有确定轻重缓急之前，就盲目地挽起袖子加油干，最终会让自己变成无头苍蝇，不出半日，心中的焦虑便会涌现出来。身体不累心却累，往往是这样产生的。

三、时间管理误区："朝三暮四"与时间"绵延"

玩够了才好工作，吃饱了才好减肥，花钱花嗨了才有动力挣钱，这种先乐后苦的集中策略，属于享乐主义，容易坑了自己！

2021年1月，我在回济南途中，发现接下来难得有一大段闲暇时光，便开始正式攻略时长超过60小时的《女神异闻录5：魅影攻手》了。

作为一名自认为时间管理做得还不错的人，我那段时间基本都会安排上午、下午、晚上各玩30—60分钟游戏，全天总时长2小时左右。这么盘算下来，在不出差又没什么突发事件的情况下，一个月刚好能通关这款游戏。

说实话，这种时间管理习惯在某些朋友看来是很严苛的，连玩个游戏都要控制时间，犯得着吗？但对我这种性格类型的人而言，不论是娱乐还是工作，有规划、有安排、有风险预估都是一种安全感。

然而在某天，发生了一个小状况。

上午我在玩游戏的时候，因为剧情实在炸裂，不忍心在中途就停掉，于是便一次性打了90分钟。按道理来讲，这个时候我就应该收手不再继续了，但体内的肾上腺素给我传递了一个信号："为何不把下午和晚上的指标移到此处，玩满两个小时呢？"

我是一个经常在性格色彩课堂自诩"把自律那张牌放在第一行"的家

伙，但还是没能战胜这种意志，继续摁下了手柄的按键，最终以连续玩游戏120分钟的"成绩"，结束了这一个上午的安排。

有朋友可能会说，这没什么，上午好好玩，下午就好好工作嘛，那么下午就少玩一个小时，多看一个小时的书，或者多学一个小时就好了嘛！

然而这就是我要重点给大家分析的，因为这种观点听上去很有道理，但实际上却是时间管理一个重大误区。

伟大的物理学家牛顿在时间管理上秉承的是"绝对时间观"。这个观点认为，时间是绝对恒定的物理量，比如昨天的一个小时和今天的一个小时是一样的，昨天出去玩了一个小时没有做作业，今天多花一小时补上就可以了，这和上面的观点如出一辙。

但后来建立控制论的诺伯特·维纳采用了法国哲学家伯格森的时间观，提出了"duree"这样一个概念，即"绵延"，意思是说时间不是静态和片面的，事物发展的过程不能简单拆成一个个独立的因果关系。比如昨天浪费了一个小时，今天多花一个小时做作业，少一个小时休息，就可能造成明天听课效果不好。因此浪费了一个小时和没有浪费一个小时的人，其实已经不是同一个人了。

这种时间的"绵延"在当天的我身上起了十分明显的作用。虽然自己是把原本分成上午、下午、晚上三个时段的游戏娱乐时间集中在了一个上午，从一天的标准来看并没有超标，但是从中午开始，我便产生了强烈的负罪感，因为回想了这一个上午，自打起床后就没做什么有意义和有价值的事情，自己只是进行了一项消费型的娱乐。这种负罪感从上午开始一直持续到下午午休起床后。

等到下午，要按照既定的计划进行弥补了，可当我要把上午看书的时间合并到下午的时候，很明显感觉有压力。毕竟读1小时的书和读2小时的书不是一个难度，即便中间要穿插休息，实际上效果也绝不如以往上下

反本能思维：如何摆脱天性中的迷茫与脆弱

午各一小时的安排。我确实在下午的时候出现了阅读困难和思想不集中的情况，甚至有再去玩一把游戏的冲动。之前提到人们如今的平均专注力时长只有六分半钟，虽然我目前是个比较喜欢看书的人，但专注力依旧很差，所以将某项任务集中到一小时以上进行操作，真的是一种煎熬。

这种"尽情享受当下，事后集中弥补"的操作，对性格色彩里的红色性格的人来说，简直就是家常便饭。

在他们上小学的时候，寒暑假作业往往都是突击完成的。虽然他们可能会在假期一开始就喊出"写完了痛快玩"的口号，但倘若突击三天后发现已进展明显，便以犒赏自己为由准许自己小玩。可小玩一旦开启，便成了始终不肯停歇的大玩。然而他们心里总是有数的，盘算着按照剩下来的作业量以及过往写作业的速度，假期最后三天突击也是稳稳的，于是便更加放心大胆地玩起来，只一味把作业堆在最后三天。奈何等到最后才发现，当初的预估完全没有准度，这作业何止三天能完成，哪怕每天写满 12 个小时，也要五六天时间！

这种性格的人长大之后，不管是完成工作还是应对减肥和学习这样自我提升的事情，也总是呈现这种"急速—龟速—急速"的模式。他们总是在计划一开始和邻近末了时发力，中间绝大部分时间乐观地磨洋工。不过假如他们秉承着"先苦后甜"的原则也就罢了，但他们中绝大部分人只是单纯地把今天该苦的部分和明天的甜进行叠加，并把明天该甜的部分放到今天来享受。

然而真的能还回来吗？并不见得，因为这种做法打破了平衡，它使得原本的娱乐有度变成了荒废无度，原本的正常作息变成了作息混乱，原本有度的学习和运动变成了如同还债一般。这种做法无异于当今许多年轻人用花呗、借呗来消费，再拼命赚钱来还花呗、借呗。

对于不是此类性格的人，尤其是和红色性格相反的蓝色性格的人来说，看

第八章　时间管理：自律的人生更自由

到这样的行径会十分不解，甚至心存厌恶。因为他们在行为上永远倾向于"赶早"。倘若要做一个大项目，那一定是每天分配好指标，慢慢往前走，甚至会在项目截止日之就完成。他们害怕意外，所以即便是坐火车，他们也会提前半小时抵达火车站。

蓝色性格的人做事是平衡地前行，提前结束，而红色性格的人则是在两个高峰之间匍匐在地。这对蓝色性格的人来说完全不可理解，然而对于红色性格的人来说，这并没有什么问题，毕竟当自己屡次在截止日期到来前突击完成的时候，会产生巨大快感！所以咱就瞧吧，那些经常提着行李飞奔赶火车的就是他们，前脚刚进，后脚关车门，这是他们人生的巅峰体验！

虽然他们也照常交付了任务，但在别人的眼中这本身也是一种不靠谱。可假如问他们为何之前不干呢？他们只会说一句话：因为之前没劲儿……

不过这种性格的人倒也并非全是问题。蓝色性格的人即便做了计划，也难免遇到突发的变故，他们虽然计划能力很强，但应变能力很差，所以如果中途出现问题或突发情况，他们更多倾向于产生负面情绪。别看红色性格的人规划能力差，但应变能力很强，一旦遇到突发情况，他们立刻拍着胸脯说："别急！有办法！"然后迅速提出 5 个解决问题的方案！所以这种类型的人如果参加了工作，非常适合做救火队员，或者做明星和企业的危机公关！

说了这么多，我只是想表达，虽然红色性格的人突击和应变的能力很强，但他们总不能仗着这种能力就让自己一辈子活在时间的无序之中，也不能总为自己画一张"今日欢乐，明日再奋斗"的饼，因为这张饼本身就存在无法实现的风险。所以他们需要尽快在内心建立一个控制系统，来实现自我调节。

怎样实现自我调节呢？用专业术语来讲，为了维持一个系统的稳定，或者为了对它进行优化，可以将它对刺激的反应反馈回系统中，这最终可以让系统产生一个自我调节的机制。

举一个简单的例子。但凡上过几十层楼甚至上百层楼的人都知道，那个高度的风是很大的，甚至有时会大到让楼都产生晃动。许多缺乏安全感的人会怀疑，这高楼会不会在飓风中倒塌？然而建筑工程师们早就考虑到了这一点，因为上百层高的摩天大厦随风摇摆，顶层的位移会在一到两米之间，这实在是太夸张了！于是他们会在大楼的顶上安装一个非常非常重的阻尼减震球，让它朝着与大楼摇摆相反的方向运动，大楼顶端漂移得越多，它往相反方向运动得也越多，而这种反方向的运动反馈给大楼，以完成动量守恒，最终会让大楼稳定。

同样的道理，在时间管理上，我们为了保证计划的实现，就要不断地监控和调整计划，以防偏差继续扩大。我个人当然赞成一个人游乐要尽兴，也并不会说一旦到了某个时间节点，哪怕已经玩到高潮也要立刻停止。事实上我个人也极其反感在玩游戏激战正酣时被强行打断要求停下，但还是建议给自己设定个反馈机制，设定闹钟也好，自我惩罚也好，旁人监督也好，虽然在短时间来看这未免过于严苛，似乎人要永远戴着"枷锁"娱乐一样，但从长远来看还是利大于弊的做法，毕竟未雨绸缪总好过疲于奔命。

我也想借此表达两个观点：第一，"deadline（截止时间）就是生产力"，这句话虽然是红色性格的人的一种自夸，但并不代表这种精神就值得鼓励；第二，玩够了才好工作，吃饱了才好减肥，钱花够了才有动力挣钱，这种先"极乐"后"极苦"的集中策略，属于享乐主义，到头来很容易坑了自己！

170

四、善用睡前时间，全面复盘效果好

不管长见识还是长知识，都不如长记性和长脑子。善用潜意识，开启你的后台小程序！

潜意识也可以帮助我们记忆，比如睡觉就可以让我们继续思考，持续进步！

微软程序员刘未鹏老师曾经在其著作《暗时间》里讲过，如果有一台计算机，装了系统之后就整天开着机，把它搁置在那里，那么这台计算机并没有被实际使用，因为它一直在空转，运行的全都是空闲进程。但如果这台计算机用来运行大量数据计算的程序，对于 CPU 来说，同样的一天，价值却完全不一样，后者很明显价值更高。

电脑是这样，大脑也是如此。一个善于利用时间的人，可以在无形中运用比别人更多的时间，从而实现更大的进步。

相信大家会发现，身边同龄人中有的特别早熟，而有的三十多岁还跟个孩子一样。为什么他们差别那么大？之前我们的习惯性答案都是"因为前者经历比较特殊"或者"从小就比较独立"等，然而我们应该继续深究的问题是，为什么在这些情况下他们就会早熟呢？

实际上就是因为他们面临的现实问题比较多，所以他们必须时刻思考解决问题的方法。他们需要长期高频次高负荷运转自己大脑里的"CPU"，所以同样是 30 岁，他们思考问题的量，已经相当于普通人的 50 岁了。

不管是长见识还是长知识，其实都不如长记性和长脑子！

那么心理年龄怎么计算呢？假如把一个人从出生就放在特殊的保护室里，没有任何社会交往，没有获得知识的途径，就这样度过了 18 年，18 岁按道理来讲是法定的成人了，但我们会认为他是成人吗？绝对不会！

在生活中也是如此，如果我们把大量时间投入在一件事情上，却毫无进展，那可能是因为我们压根就不动脑子。我们如果连吃饭、睡觉、走路、运动、聚会的时候都在想着这个事儿，那么解决问题的概率更大。

如果给上面做个总结，那就是一个早熟的人，往往喜欢在闲暇时间思考人生，或者因为早期遭受到的生活暴击实在太过频繁，日积月累后形成了早熟的心理。而生活比较平顺又不太会思考人生的人，往往都会比较晚熟。

人是善于思考的，但也有人是懒于思考的，因为思考会耗费自身太多能量。那么该如何让自己脑袋中的"CPU"从现在开始就转动起来以弥补自己思考不足、成熟度不够的现实呢？这个时候就可以回到最初的那个答案了，既然白天思考问题太累，就在睡觉时，运用自己的潜意识进行思考！

强大的专注力可以让我们在清醒时开足马力，提高成长的效率。更重要的，也是大家可能没有意识到的，就是这么做可以让潜意识也受到激发，休息时仍然能思考。

但凡连续几天或更长时间思考同一个问题的人，都会有一种感觉，那就是在思考的期间，有时候虽然表层意识不再想这些问题，但潜意识仍旧保持惯性。那么时间就被潜意识在无形中利用了，其日积月累的效果非同小可。

举个例子，想出苯化学分子式的凯库勒，在睡梦中梦到一条蛇首尾相接，进而想到了苯化学分子式的样子，而他便是在睡梦中用潜意识在思考，进而帮助自己达到解决问题的目的。

这也就解释了为什么很多人想某个问题想了很久不得其解，隔一段时间突然就开悟了。这其实也是潜意识在不知不觉地起着作用。虽然别人无意中做出的动作，或者司空见惯的自然现象给他们的提示很重要，但如果没有之前全身心的专注，别人的动作再明显，他们也不会认为是提示。庞加莱在踏上马车时突然想到一个问题的答案，而别人听了这个故事，为了想问题的答案也去踏马车，却不管用，其实就是没有运用潜意识进行思考。

说了这么多，具体怎么办呢？给大家提供一个简单易行的方法：晚上睡觉前先闭上眼睛，尝试思考自己在现实中面临的问题，或回忆今天学到的知识点。

这样做有两个好处。

第一个，也是最明显的好处，自然是催眠，它可以帮助自己更好更快地进入睡眠状态；第二个好处，那就是这相当于自己在睡觉前给自己的大脑打开了一个小程序并让它开始运转，这个小程序因为惯性的原因，即便在睡着的情况下依旧会运转一段时间。它帮我们频繁调动身体的血清素并对大脑的记忆神经产生多个脉冲。

在这种情况下，即便我们的思考没有得到明确的答案，让自己"至千里"，起码也帮助我们起到了"积跬步"的作用。

我身边有几位朋友，他们掌握了这个运用潜意识的做法，在睡觉前对今天学到的知识进行系统的复习，或对今天的所作所为进行复盘并思考改进方案，服务于未来的工作与生活，日积月累后形成了自己的一套成熟的处世思维。

在他们的指引下，我不但继续保持日常记录的习惯，也一改往日只要躺上床就睡的习惯，开始在睡前对当天的处事方式与所学知识点进行复盘，然后幻想自己脑袋里长出了许多小草，小草又生出了很多的根，它们把这些知识点牢牢扎在我的脑海里。

第九章

反本能：

突破成长屏障

一、从性格本身出发，扩大舒适区，修炼个性

"享受孤独"只关乎性格，不是评判成熟与优秀与否的标准。

2021 年年初，我的朋友圈突然被一篇文章刷屏，开篇观点是"人越孤独，越成熟，越优秀"，然后罗列一些名人说过的话来佐证这个观点。当看到好多朋友给这篇文章点赞时，我便开始反驳：照这个意思，一个人如果忍受不了孤独，总需要跟人有来往和打交道，就说明这个人不够成熟和优秀了？

接触了许多心理学流派之后，我越发清楚地知道，内向和外向两种性格截然不同。

外向性格基本特征如下：

主动：爱社交，与他人投缘，愿意在社交场合介绍他人；

外显：情感外露，更容易被了解，更倾向自我表露；

广交：需要归属感，有广泛的交际圈，喜欢参与各种团体；

活跃：乐于互动，希望与他人接触，喜欢倾听和表达；

热情：活泼、精力充沛，喜欢做众人关注的中心。

176

第九章　反本能：突破成长屏障

内向性格基本特征如下：

被动：沉默寡言，低调，在社交场合倾向于得到引荐；

内敛：克制自己的情绪，难以被人理解，重视私密空间；

深交：追求亲密关系，喜欢一对一的交流，关注个人；

内省：做旁观者，倾向于保持距离，喜欢读和写；

沉静：冷静，喜欢独处，尽量不引人注意。

通过专业的心理学给出的内向、外向性格的基本特征，我们会轻易地发现，性格内向的人，他们天生喜欢独来独往，有时也不希望别人打扰他们，哪怕参加聚会也是有选择性的。所以工作中他们往往是只虎，单打独斗时可以一人顶三人。而他们下班后最舒服的状态就是一个人待在家里，如果把他们强行投放到一大群人（哪怕这群人他们都认识）的环境中，他们会感到极度的不适。

而性格外向的人，他们非常喜欢聚会，也非常喜欢与人交流，并且能在与人交流的过程中感受到"爱的流动"。他们希望被别人理解和注意，同时也会热情地给予别人关心和帮助，以实现情感上的共鸣，这是他们最舒适的状态。所以在工作中，他们往往具有羊的属性，团体作战才能让他们释放激情。

在MBTI这个心理学体系里，涉及了E类型（外向）和I类型（内向）的大量区别。经过多年的观察，我发现其中一个很有趣的现象，那就是E类型的领导在工作中大都喜欢头脑风暴以及召开面对面的会议，他们对于现在新冠疫情疫情期间的网络会议感到非常不适应，尤其在许多人不露脸也不吭声的情况下，他们简直难受得要死。因为E类型的人只有在嘴巴动起来、与别人频繁交流的过程中，他们的脑袋才会高速运转，涌现出各种想法。如果让他们一个人憋着想，想好了再通过网络以文字形式进行交流，效率将大打折扣。

　　而 I 类型的人截然不同。I 类型的人在工作中大都喜欢一个人静静思考，完全想好了再通过严谨的文字来进行沟通。他们讨厌面对面头脑风暴这种开会的形式，不但是因为他们觉得这样没有效率，同时也是因为他们对这种氛围感到拘谨。所以在这种情况下，他们大都拒绝快速发言，而更倾向于会议之后想清楚了再与大家以文字的方式沟通。

　　试想如果让 E 类型的人独处，那将多么影响他们的工作效率。因为 E 类型的人只有在与外界频繁沟通的情况下才能获取能量，那是他们的阳光、雨露和空气！又试问，这是一个人不成熟的表现吗？

　　对于外向类型的人而言，与外界频繁互动是他们感到舒适的方式，而与他人进行交流是他们活跃脑电波的最佳措施，这就是他们存在于世界中的最佳运行模式，怎么就被人硬生生扣上"不成熟"的帽子呢？

178　　2021 年年初，我认证了 FIRO 的施测师，这个工具是 1958 年美国的威尔·舒茨开发的，旨在测量被测者在人际关系上的需求程度，换句话来讲，就是测一个人到底有多么需要人际交往。经研究表明，这个工具和 MBTI 的外向—内向（E—I）维度具有高度的相关性。

　　得分在 0—15 分的人和内向性格（I 类型）的相关性很高。对他们而言，身边有人没人是无所谓的，他们有自己的小圈子，且只要与这个小圈子的人关系好就可以了，所以他们与人交往的选择性极强。得分在 16—26 分的人（比如我）比较随性，但倾向于静下来，且在交际上也有一定的选择性。对于 27—38 分的人，他们坚持聊得好了就多聊、其他人不啰唆的原则。有趣的是，他们表示挺少见到聊不来的人。得分在 39—54 分的人，会感觉每天都很忙，他们要见好多的人，而且工作中要开的会议也很多，不过他们并没有感觉沮丧，反而很兴奋，一天下来也很有成就感，因为身边真的好多人哪，好开心哪！这种类型的人，往往和外向性格（E 类型）的相关性非常高。

第九章　反本能：突破成长屏障

能否做到"享受孤独"这件事情只关乎性格，根本不代表着这个人是否成熟和优秀。假如懂得享受孤独就等于优秀和成熟的话，那外向性格的人听到这个观点怕是要跳脚了。既然"享受孤独"不等同于"成熟"，那么到底什么才算是真正的"成熟"呢？实际上文章里提到的下面这个观点，我还是认同的："独来独往，亦有风景可观，一个人的细水长流，亦是清欢。"这句话用了两个"亦"字，并没有彻底否定外向，而是告诉我们有另外一种选择：和别人一起玩乐当然很好，但一个人玩也有不同的乐趣。

在我个人看来，一个人真正的"成熟"指的是这个人不但能在自己天性的舒适区中驾轻就熟，同时也能在自己天性之外的非舒适区里游刃有余。他可以控制自己，自由游走在两个区域之间，而不是一辈子仅仅局限在舒适区里面。虽然有人会坚持认为每个人就该活在自己的舒适区里，我们当然也允许他们这样做，但他们总会在未来的某些时刻，因为局限在自己的舒适区而错失许多机会。所以我鼓励大家"有空回家坐坐，有事出门做做"，就是希望大家要学会扩张自己的舒适区范围。

举个例子，许多像我这样的内向型的人，其实并不太喜欢跟不熟悉的人聊天，所以我们的天性往往不适合做培训讲师。

但如今我们内向型的人有许多依旧做了培训讲师，并且到了台上可以像外向性格的人一样谈笑风生，这是长期训练的结果，让我们可以在天性的非舒适区游刃有余。然而一旦结束了演讲，我们就会想尽办法迅速钻到某个角落躲起来，一句话都不讲，只想静静，不希望任何人打扰，哪怕是爱人或父母。这个独处的过程大概需要持续个把小时，我们才能缓过劲儿来，这就是上面所说的"有空回家坐坐，有事出门做做"。

努力扩大我们的舒适区，直到全世界都是我们的舒适区，这个就是"个性修炼"了。

也正因为如此，网上所谓的"心灵鸡汤"、名人名言、生活方式、价值观，虽然听上去很有道理，但也只对某种性格有用，而那些话恰恰也是某种性格的人说的，千万不要把别人的观点盲目又粗暴地直接套到自己的身上，这样有时会适得其反。

"人生无须太多的准备，上帝给了我们腿与脚，就是让我们不停地前行"，这句话非常适用于黄色性格这样的行动派，但对绿色性格则没什么太大的作用，因为绿色性格的人只会认为平躺的人生已然知足，而前行只会让自己累倒。

"不管黑猫白猫，抓到老鼠就是好猫"，这句话同样适用于黄色性格的结果导向，但对蓝色性格的人而言则不太认同，因为对他们而言，抓老鼠的目标很重要，但用什么样的猫去抓同样很重要，结果和过程都要被严格关注。

"抱怨没有用，一切靠自己"，对红色性格来说其实并不是 100% 的金玉良言。因为红色性格的人在遭遇不能承受之重、精神几乎要崩溃时，把内心的情绪吐出来大哭一通，向亲朋好友倾诉一番，其实是排解压力很有效的方式。而红色性格的人又大都不喜欢单打独斗，他们更擅长团体作战。他们很清楚地知道，在如今资源高度互换的时代，假如离开了别人的援助和平台的扶持，靠自己一个人单打独斗是很难成气候的。所以他们虽然也会转发这句话给自己打气，但内心的真实想法却是"抱怨很有用，大家一起来"。

所以金句可以听，好文章可以看，名人名言可以背，但如果不结合自己的实际情况，盲目地照单全收并付诸实践，那就画虎不成反类犬了。

二、心态决定行动，热爱是一切行动的力量来源

足够热爱，就有梦想；足够热爱，就有目标；足够热爱，就有执行力；足够热爱，就不会轻言放弃，所有需要克服的问题，都将不复存在！

2021 年每个月的 16—18 日，我都会在乐嘉老师的读心术课堂上，配合教学与会务的工作。坦率而言，读心术这门课从 2019 年到现在已经举办了将近 20 期，许多流程已经经过时间的检验，大家只要按部就班各司其职，便能顺利完成任务。但乐嘉老师却并不甘心于此，他几乎每次课程都要做许多革新。

我这种性格的人，在工作中的格言就是"No change"，长期的行动习惯不要变，提前制订好所有的计划与细节，定下来的计划不要临时变，尤其在正式开展工作的过程中还变来变去最为可怕。乐嘉老师则不同，他在工作中的格言从来都是"Let's change"，他不但喜欢推翻过往的许多常规操作，甚至会在各轴承与齿轮已然全速运转时，做大量的临时变更。所以于我而言，跟他共事是一种心理上的巨大折磨，我必须不断地用各种方法向他陈诉"No change"的理由，而他则同样会用各种理由来支持他必须改变的坚决态度。

比如某次读心术课上，他为了让学员有全新的体验，要求工作人员将

持续了两天半的群岛式课堂布局变为剧院式布局，撤掉所有桌子，中间是十字舞台，所有学员分坐在会场的四个区域，并且所有座位颜色以黑白双色为基调，俯瞰下去拼凑成一个圆形八卦的图案，极具视觉冲击。照道理来说，能布置成这样已经是煞费苦心，相信学员也不会有意见，只会啧啧称奇。但当他看完整体的实际布局后，立刻下令推翻这个新方案，要会务人员在最短的时间内变回以往的排布方案，哪怕推迟下午上课的时间也要推翻重来。

　　课后开复盘会的时候，他也会从各种细微的角度切入，对整个流程进行分析与纠正，甚至包括摄影师的剪辑工作，他都会提出各种常人难以想象的修正方案。有的时候说开一个钟头的会，却一下子开了五个半小时，直接导致我被迫改签航班。我曾问他："您这样做，不但花时间而且死抠细节，不觉得累吗？"他说："完全不累，甚至有快感。"

　　另外一位老师说的话让人印象深刻，他说为什么乐嘉老师总可以一眼就看出细节上的错误并致力于快速更正，那是因为他把性格色彩的事业当自己的孩子来看待。想象一下，假如我们做了父母，孩子身上出了什么问题，别人看不出来，但自己却总是一眼看穿。哪怕是多了句口头禅，手臂上突然多了道疤痕这样的小变化，我们也会第一时间做出反应，其实是同样的道理。

　　事实证明，乐嘉老师这种把事业当自家孩子的心态，也确实起到了应有的效果。大家并没有因为乐嘉老师的这些行为而一笑了之，而是认为没有哪个培训机构的创办人可以用心到这样的程度。无数类似苹果公司的案例也证明，创办人的创新精神直接决定了公司的生存空间。他之所以要推翻新的布局设计，也是因为及时地发现四角布局的方式会让他受制于360度的观众席位。虽然这个设计能让所有观众都离舞台上的他很近，然而不论他面对哪个角度的观众，总有一半的观众要看他的背面，这会让观众的感觉大打折扣。两害相权取其轻，为了保障观众的感受，必须狠下心来牺牲掉新的设计方案。

站在现如今的角度来看，读心术到现在办了将近20场，倘若按照我的"No change"思维来办，那么它们必然是从头到尾一模一样，即便有创新的地方也是凤毛麟角。而乐嘉老师有打造"忒修斯之船"的心，从教学方式到会场布置，从老师的着装到教室外的布局，从入场的手环到性格色彩的口罩，每次都会呈现出与以往不同的惊喜设计。以至于我发了朋友圈后，朋友们会被卡牌之夜以及代表四种性格的玩偶所吸引，并表达了想来课堂上看看的想法。

这一切，都是高度关注细节、始终具备创新精神的乐嘉老师所带来的结果。这些行为之所以出现，其核心源泉永远都是他这种"把事业当自家孩子"的心态。

我后来深刻反思了一下，自己难道就是个不关注细节、不具备创新精神的人吗？我很快就坚决否定了这种想法，因为当自己同样有这种心态的时候，也会变成乐嘉老师那样废寝忘食的。

比如当初做游戏解说的时候，为了让节目更好看，我会打磨各种段子，并研究各种游戏的BUG。为了做出一个视频，下载几十条视频，那是常有的事情。而在后期制作时为了摸索一个预想中的特效，我也会放弃自己娱乐的时间和晚上十一点睡觉的正常作息，直接干到凌晨两点。自己也经常做类似乐嘉老师十言绝句的行动，在游戏解说中编造打油诗，极尽遣词造句之能事，只为让观众看到后可以捧腹大笑。

我后来又做了影评节目，只负责撰稿不负责制作，后期制作部分交给了其他人，结果几乎每次他们发来的初稿中，我都会发现各种小错误，从字幕打错字到画面与解说搭配错误，从片源清晰度不够高到剪辑节奏过慢等。

我之所以能这样，如上面所述，是因为这是自己的作品，哪怕赚不到多少钱，也始终关注它的质量，我总不能砸自己的招牌。

心态决定行动，这个道理在我的培训事业上也起了极大的作用。

身为一名自视清高的学术型培训师，我一向是不喜欢销售的。在我看来，只要用心把课讲好，让别人认可我，那么他们自然就会期待下一次的课程，自然就会买单。

我也一直在努力做这样的培训师，不论在哪个甲方的培训机构讲课，我都会淡化销售意识甚至几乎屏蔽销售环节，而且大多数时候，也会在开课前跟他们约定好："我只负责讲课，销售环节你们来。"

但几年下来后，我也开始帮各种甲方做销售的铺垫了，而且在这个过程中逐渐没有了心理障碍。之所以发生这种变化，其中有两大原因：

第一，意识到了甲方的生存问题。

184　　之前广州一个甲方是性格色彩学院的合作方，找我做了一场性格色彩的沙龙，帮助他们卖性格色彩读心术的课程。我表达了自己销售能力和销售意识的不足，但甲方让我放心大胆讲课就行，听了她的话之后，我心里也踏实了。

两小时下来现场反应确实很好，我也得到了现场观众的高度认可，但她事后说了一段让我震惊的话："蒋老师，你知道吗？这是我做销售做得最差的一次。你讲完就走了，也不给我递话，我站上去之后做销售是有问题的，你讲得那么好，就应该说一句，想要继续学后面的课程，请找我们现场的老师与工作人员咨询，他们可以给大家提供渠道。你这句话都不讲，下面的观众直接就走了呀！而且蒋老师你知道我们为了邀约今天这些人，费了多大劲吗？我们的工作人员厚着脸皮一直打电话，一直打电话。"

听到她的这段话后，我好久没缓过神来，也终于通过那次沙龙意识到了自己的问题：讲师好比是冲锋打仗的将军，兵书背诵得再熟练，战术谋划得再高超，也不可能去做单枪匹马玩无双千人斩的无兵之将。所以培训师不但要保证学员学到东西，同时还必须要让工作人员的付出得到足够的回报，销售铺垫是必须做的。

第二，是意识到了热爱对行动的影响。

在 20 世纪末，电视机屏幕上出现了一类节目——电视购物，这种节目的产品类型，从 DVD 机到珍珠翡翠首饰、锅碗瓢盆，什么都会涉及。当时让我极为反感的便是屏幕上的主持人或者商家，拿着产品在那里花样叫卖。在当时的我看来，这种近乎疯狂的兜售，实在是掉价。况且，这种节目滚动播放始终不停，还耽误我们看别的节目，我必须耐着性子听完，才能等到自己想看的动画片。

后来经过深刻的自我洞见后，我发现自己对于销售动作的排斥感，就是在那个时候形成的，它根深蒂固地扎在心里，让我始终认为，销售动作不但丢面子，还会浪费别人的时间。

这些年我为许多朋友推荐了无数好东西与无数好的人脉，这其中包括自认为不错的电影、精彩的电视剧、受益颇丰的书籍、有趣的拼图、干货很多的课程、教学水平与教学素养很高的培训老师等。而当我向他们推荐以上人与物的时候，虽然知道这会让他们花钱，但内心毫无抗拒，因为自己不但切实受益了，同时发自肺腑地坚信，自己的推荐同样可以给别人带来价值。即便因为人与人之间性格有所不同，价值感会有差别，但经自己使用、体验与检验之后，最起码可以保证高收益的概率。

如果自己真的打心底认为它很好，真的很热爱它，便不抗拒推销它了。因为这非但不会丢面子，也不会耽误别人的时间，甚至还是在帮助别人，让别人活得更好，那为什么不去这么做呢？

于是归根结底，"热爱"才是人主观能动性的决定性力量，有了"热爱"，一切顺理成章，毫无障碍。

所以自那之后，只要我发自肺腑地认为那门课真的好，哪怕这其中没有所谓的"返利"，我也会积极主动地为别人描述这门课带来的价值是什么，并鼓励他们抽出时间参与其中，获得他们想要的东西，以使生活、工作甚至整个人生都变得更为顺畅。

过去七八年，我始终平均每天读 6 万字的书，如今算来已经读了五六百本、上亿字的书，其中不乏成功学与谈论个人成长的书籍。在看了无数此类书籍以后，我发现绝大多数的书讲到最后，所有的道理基本上都是差不多的，梦想、目标、欲望、行动、信念、激情、专注、坚持等。然而时间长了，当我在社会上摸爬滚打，或在培训界耳闻目睹了许多人与事之后，才发现其实成功只需要一件事，那就是我们必须对自己所做的事发自内心地热爱。

如果足够热爱，我们当然就会有梦想；如果足够热爱，我们当然会给自己定下一个又一个不同的目标；如果足够热爱，我们自然而然就会有强烈的欲望把它给做好，也自然会有强烈的行动力。更重要的是，如果足够热爱，不管别人怎么打击，我们永远都不会放弃，激情和专注力自然就会出现在自己身上，所以自然也不用去担心坚持不下去的问题。要知道那些总讲"坚持真的好痛苦"的人，都因为他们只是把它当成一个任务在完成。

而如果发自内心地热爱当下的工作，并认定这就是自己每天最想做的事情，所有成功的元素都会集于一身，而所有需要克服的问题也都将不复存在。在爱情中近乎疯癫的人，在兴趣爱好中无限痴狂的人，在日常工作中废寝忘食的人，皆为此理。

如何快乐地做事情？唯有热爱。

三、选定唯一，全力以赴，别把退路变末路

尝试把当下的选择当作唯一，逼迫自己开启全部主观能动性，能获得意想不到的结果。

2021 年 7 月 8 日，我正式通关了 PS4 游戏《十三机兵防卫圈》。　　

坦率来讲，最初了解这款游戏时，不论是类似日漫的游戏画风，还是如电子点阵地图一般的战斗场面，都没让我提起任何兴趣，甚至内心还有排斥。然而我始终对它在游民星空的评分感到诧异，因为它竟然高达 9.5 分！

抱着强烈的好奇心，我购买了这款游戏并试图一探究竟。不承想整款游戏是在 13 个少男少女的视角间来回切换，逐步进行碎片式的剧情推进，最终整合成了一部末世题材的悬疑科幻大片！没有退路，背水一战，方能成功！这款游戏传达的价值观是非常具有实际意义的，因为不论事业还是感情，我们之所以没有取得骄人的成绩，也没有尝试去改变现状，往往是因为自己当初没有全力以赴。之所以没有全力以赴，不是因为懒，而是因为有退路。

万维钢老师在他的作品《万万没想到：用理工科思维理解世界》中阐述了自己的观点，中国多年实行的独生子女制度，使得一般家庭都把自己

的孩子视为掌上明珠，像郎国任那样能把儿子豁出去练的家长非常少。现在这种保护孩子的思维也会根深蒂固，在未来几十年恐怕都难以消除。再加上过去这些年，考大学越来越容易，而且经济发展很快，把前途赌在足球上，显然不是最理想的选择，中国的足球队员数量下降是必然的。而那些当了足球队员的人又如何呢？他们缺乏有效竞争，又拿着高工资，当然没必要太拼命。不拼命，对于竞争不太激烈的运动来说无所谓，但像足球这样的竞技水平极高、竞争无比激烈的运动来说，就意味着出局。不论是中超外援还是外籍教练，对中国队的一个共同评价是：中国球员缺少强烈的取胜欲望。

为什么他们不拼命？因为有退路。

虽然父母和老师都会告诉我们高考决定命运，但一想到自己的父母也没上过大学，却照样有房有车有工作，我们便在心里为自己建立了退路，考不上大学，还可以靠父母嘛！于是大家靠学习来搏未来的冲劲儿，就相对减弱了一些。

真正拼命学习的，反而是那些家境贫寒以及从农村跑来城里上学的同学。印象很深的是，我在读初中时总是考班里第二，第一名始终被一个女生稳稳地占着，当时为了逞口舌之快，在心理上占领高地，我总会跟其他同学说："嘻嘻，她家是卖烧鸡的！"后来这件事被班主任听说了，她告诉我，那个女生正是因为父母是从农村出来，如今在大街上卖烧鸡，才激发了她学习的斗志。因为自尊心很强，她很清楚自己如果学习不好，未来也会像父母一样在大街上风吹雨淋。

她没有退路，所以才这么拼命。

放到工作中，"毫无退路，背水一战"的效果更为明显。现代社会的选择很多，如果我们不喜欢某份工作，还可以物色另一份工作，如果我们认为当下的工作赚钱少，也总能找到比它更赚钱的工作，所以抱着"干得

第九章 反本能：突破成长屏障

不开心就走"的心态参与手头工作的年轻人不在少数。

我也是如此，在过去这么多年的时间里，我陆续换了 7 份工作，绝大多数都没有混出好结果。并不是没有兴趣，而是在于自己始终有退路，不会在工作中尽心尽力。

用人单位也是同样的心态，既然目前找工作的人那么多，而且当前的员工也不一定就有与公司同生死共进退的心，何必花大力气培养他们，绩效不达标，辞退了另招就是了，这样还很省钱。

双方都有退路，所以犯不着励精图治，精益求精。

日本一辈子只做一种工作的匠人很多，这跟日本的制度有关。"二战"后，日本采取的机制是"终身雇佣"，一旦某个人上了某个机构的名单，他就可以根据其年龄和服务的期限，在自己的工作范围内不断得到升迁。比如开始时当工人，接着再当白领，然后当行政人员，不能辞职，也不能被解雇。

这当然会让民众开心，毕竟不会有失业的风险，然而这让就业人员和公司都没有了退路。站在从业人员的角度，如果工作一段时日后，发现自己其实完全不适合这份工作，也不可能辞职，公司虽然不会解雇自己，但如果不好好在这个岗位上努力下去，收入将会大大下降，可能糊口都是问题。站在公司的角度，聘用了一个员工，如果事后发现他不好用，按照终身雇佣的就业制度，也没办法解雇他。

双方都没有退路，于是有意思的事情发生了，战后经济原本就惨淡，能找到工作就已实属不易，拿到聘用合同的职员为了糊口，不得不狠下心来，不断提高自己的技能以实现工作效率的提升，几十年后个个都成了精益求精的专家。公司管理层既不想提高成本再招更多的人，也不甘心浪费现有的人力资源，于是有意识地去发掘每个职员身上的特长，然后对他们进行调岗。正因为不论基层还是高层，都在毫无退路的情况下背水一战，使得日本经济在"二战"后实现了腾飞。

这个制度固然有它的缺陷，但是日本人这个"见人之长、用人之长"的做法，还是值得我们借鉴的。而这也是我在领导力课程上给学员讲的"卓越领导五项行为"的其中一项：使众人行。不放弃任何一名员工，在充分了解他们性格特点的基础上，对他们进行合理的排兵布阵，让每个人的特长在特定的岗位中得到充分的发挥，不但能提高整体的工作效率，还能提高员工自身的价值感。

爱情也是这样。以前交通和通信系统都不发达，年轻人身边吸引自己的异性比较少，甚至许多人的婚姻都是靠人介绍才完成的，他们孤注一掷地专注于眼前人，努力去经营这段婚姻，努力去了解对方，并寻找到和平共处的办法，于是便有了后来几十年不离不弃的婚姻。

190　　因此，他们在下一代谈恋爱和结婚的时候，总会提出一个观点："啥性格都能处得好，你得处了才能好！"但时代早已不同，现如今的年轻人能接触到的异性很多，他们并非不想谈恋爱，恰恰是选择很多，退路很多，所以何必为了结婚选一个处不好的人慢慢磨合，把自己逼到"绝路"上来呢？他们希望慢慢去找一个容易相处的异性。

更何况，即便他们结婚了，也有退路。

根据 2020 年全国各省市的离结率（新增离婚人数与新增结婚人数的比值）统计显示，全国平均的离结率已经高达 39.33%，这意味着在全国范围内，每有 10 对结婚，就有 4 对离婚，东三省更是达到了"10 对结婚，7 对离婚"的程度。

这个比例对于 20 世纪 60 年代以及更早出生的人来讲，是不可想象的，因为离婚就意味着失败，意味着耻辱，他们会为了避免离婚，想尽一切办法经营这段婚姻。但对于现如今的年轻人来说，离婚早已是平常事。所以别说当今年轻人谈恋爱的时候会想着"不合适大不了再找一个"，就连结

第九章　反本能：突破成长屏障

了婚之后，也有很多人保持着"过不下去就离婚"的心态，给自己留好退路。

没有退路，没有选择，只能背水一战，反而更容易成功。这个规律对当下的我们来说有什么借鉴意义呢？我们要利用这个规律，来增强自己的内驱力，以提高成功的概率。

2019 年，我的公司在经过一年的努力后，宣布创业失败，当时的我已经连续半年没有拿到工资了，但这并不意味着自己完全"断粮"，因为我还有经营了 4 年多的游戏解说节目和运作了 3 年的影评节目《羞羞的影评》。当然，正如前面所提到的，公司之所以创业失败，原因也在于我自己，当时我内心很清楚自己有退路："如果失败了，大不了全力做自媒体节目去！"所以并没有在公司经营中尽心尽力。

但在偶然接到一次深圳的培训邀约之后，我最终狠下心来，把给自己带来收益的两档节目全部停掉，不再更新，然后全力开始转型，尝试去正式做一名培训师。按道理来讲，这毫无必要，因为这一次突如其来的培训邀约，并不意味着以后还会有（事实上确实如此，在那次培训后，空窗期有近乎三个月）。我之所以这么做，也是逼自己一把，把未来发展、个人命运和收入全数赌在培训上，因为如果还有自媒体节目这一条退路，我决不会全身心去考虑课程内容以及探索培训渠道，甚至它可能还会成为累赘，让我不得不为了更新它，而从培训场上抽身坐回电脑前做剪辑工作，但没有它之后，为了能在培训场占据一席之地，我就必须积极主动地拓展人脉、捕捉讲课机会、参加其他培训班的学习，并积极筹备自己的课程。后来我在性格色彩学院主动向乐嘉老师提出当正式课的讲师，背后就是"退无可退，不如拼死一战"的赌徒心态起了决定性的作用。

如今三年过去了，我一个月靠培训挣到的钱已经抵得上过去做自媒体节目一整年的收入，而且还因为在课堂上帮助到了很多人，产生了无尽的价值感，也无须担心没有培训可接，因为已经建立了比较稳定的课源渠道。

很庆幸当初的破釜沉舟之举，让我在把自己逼入绝境后主动寻求再生的机会，从而换来了今日的富足。

诗人马雅可夫斯基说过："人必须要选择一条自己的道路，并勇敢地坚持下去。"不论是工作还是情感，尝试把自己的退路全部屏蔽掉，把当下的选择当作唯一的选择，逼迫自己开启全部的主观能动性，或许能得到意想不到的结果。

四、大城闯荡，小城生活，新青年"旅行的意义"

趁年轻忘我地出门看大千世界，并时刻做好携带大世界的财富在小世界中享受的准备，这才是"旅行的意义"。

在过往这些年，我总会在网上遇到毕业生问同一个问题："大学毕业后如果找工作，应该去大城市还是小城市？"我个人认为，纠结于这个问题的朋友大多还没有搞清楚自己最想要的是什么。

在找工作的方面也是，工作 A 确实在大城市，待遇很高，但每天上下班挤地铁就要三个小时；工作 B 所在的单位离家是近了，但要经常出差；工作 C 不出差，而且在小城市，就是看上去相对安逸……可现实哪能允许他们什么都占上呢？既想要有大城市的机会和收入水平，又想要有小城市的安逸，还希望工作压力不大，领导谦和，同事默契，离家还近，单位安排吃喝住宿，周末不加班，偶尔还能出去旅游……

所以与其说他们纠结于去哪个城市，还不如说他们纠结于去压力大、竞争大、但机会多的一线城市，还是压力小、相对安逸的二三线城市，似乎二者只能选其一。

在一线城市闯荡，大多数刚毕业的年轻人会陷入巨大的经济压力中。就举一个最简单的例子，租房。除了租房，大城市的其他方面消费水平也

193

反本能思维：如何摆脱天性中的迷茫与脆弱

都不低，而且周围的人看上去似乎都比自己有钱，许多初来乍到的年轻人会陷入物质与精神的双重压力！

当然，压力也能换来前进的动力。

所以我个人对当代年轻人的建议是：年轻气盛时，在大城市闯荡；平稳顺畅时，回小城市定居。

大城市的竞争压力大，好似上海滩一将功成万骨枯的群雄争霸。这种氛围毋庸置疑可以塑造出真正的强者，培养当代年轻人吃苦耐劳的坚毅精神，而这种氛围恰恰是二三线城市最欠缺的！

就比如济南这座城市，被网络媒体多次誉为"钝感城市"，其特点就是生活节奏慢。周围所有的人都在缓慢地享受生活：下了班游走在趵突泉和大明湖，周末爬上千佛山，就能把整个城市收入眼中；下班叫上三五好友撸串喝酒。我在山东电视台的一个已经工作了十多年的老朋友，月收入8000块，这笔钱在大城市生活比较艰难，可是在济南却能活得轻松自在（前提是没有房贷压力），而且周围的人收入大都是这样的水平，于是，他选择牵狗遛弯、陪老婆孩子玩耍，打算就这样迎接自己的夕阳红。

这不就是许多人终其一生希望享受到的生活嘛！

养老来二三线城市绝对没问题，可如果大学刚毕业就投入这样的城市，会让人不甘心。

我始终佩服自己的一位大学老友，毕业后进入银行系统，在济南组建了家庭，养有一儿一女，月收入过万。可她却毅然选择在大学毕业16年后赴北京开启事业的第二春，同时也着手为自己的两个孩子搭建通往大城市的快车道。她迈出了绝大多数二三线城市青年想迈却无法迈出的一步，我由衷佩服她，为拥有这样的朋友而深感骄傲！

因此，我建议大学毕业生一定要先去大城市工作看看，一者提高自己的见识，认清这个世界；二者在高强度的压力下刺激自己，看看自己的斤两，

194

第九章　反本能：突破成长屏障

想想自己到底适合做什么以及究竟想要什么；三者整合关系资源网，因为现在网络很发达了，自己在大城市建立的关系是可以随时带回老家的。

等过几年，明确了自己真正想做什么的时候，再下决心是要留在一线城市还是回老家。

一些二三线城市已经意识到人才对当地经济发展速度的影响，推出了一系列的人才引进政策，不但为城市发展提供了加速器，同时也为在大城市打拼多年的年轻人提供了归乡发展的契机。

陈绮贞有一首歌叫《旅行的意义》，当今年轻人就是趁年轻忘我地出门看大千世界，并时刻做好携带大世界的财富在小世界中享受的准备，这才是"旅行的意义"。